U0171123

地理信息科学一流专业系列教材

地理信息安全概论

任 娜 朱长青 陈玮彤 编著

地理信息科学国家级一流本科专业建设点
测绘工程国家级一流本科专业建设点

项目资助

科学出版社

北 京

内 容 简 介

本书从地理信息所面临的安全形势出发，阐述地理信息安全相关概念，梳理我国地理信息安全体系与法规，并在此基础上介绍保护地理信息安全常用的技术手段，包括密码学技术、数字水印技术、交换密码水印技术、访问控制技术和保密处理技术。同时，对各种技术手段从基础概念入手，结合地理数据的特有性质，由表及里、层层剖析其技术原理与方法特性，并通过算法实例和应用案例进行初步探索。

本书可作为地理信息科学、网络空间安全、测绘科学与技术各专业本科生的教材，也可供从事地理信息相关理论、技术和应用的教学、科研和开发人员参考。

图书在版编目（CIP）数据

地理信息安全概论/任娜，朱长青，陈玮彤编著. —北京：科学出版社，2024.3

地理信息科学一流专业系列教材

ISBN 978-7-03-077206-0

Ⅰ. ①地⋯ Ⅱ. ①任⋯ ②朱⋯ ③陈⋯ Ⅲ. ①地理信息学–信息安全–高等学校–教材 Ⅳ. ①P208.2

中国国家版本馆 CIP 数据核字（2023）第 244202 号

责任编辑：杨 红 郑欣虹/责任校对：杨 赛
责任印制：张 伟/封面设计：陈 敬

科学出版社 出版
北京东黄城根北街 16 号
邮政编码：100717
http://www.sciencep.com

北京中石油彩色印刷有限责任公司印刷
科学出版社发行 各地新华书店经销
*
2024 年 3 月第 一 版 开本：720×1000 1/16
2024 年 3 月第一次印刷 印张：11
字数：221 000
定价：49.00 元
（如有印装质量问题，我社负责调换）

"地理信息科学一流专业系列教材"编写委员会

主　编：张书亮

副主编：汤国安　闾国年

编　委（以姓名汉语拼音为序）：

曹　敏	陈　旻	陈锁忠	戴　强	邓永翠
郭　飞	胡　斌	胡　迪	黄　蕊	黄家柱
蒋建军	江　南	乐松山	李　硕	李安波
李发源	李龙辉	李云梅	林冰仙	刘　健
刘军志	刘晓艳	刘学军	龙　毅	吕　恒
罗　文	南卓铜	宁　亮	任　娜	沈　飞
沈　婕	盛业华	宋志尧	孙毅中	孙在宏
汪　闽	王美珍	王永君	韦玉春	温永宁
吴明光	吴长彬	熊礼阳	严　蜜	杨　昕
叶　春	俞肇元	袁林旺	查　勇	张　宏
张　卡	张　翎	张　卓	张雪英	赵淑萍
仲　腾	周良辰	朱阿兴	朱长青	朱少楠

丛 书 序

当今，我们正处于一个科学与技术重大变革的时代，世界进入了智能化与绿色化、网络化与全球化相互交织的时期，并正在改变着人类社会和全球经济。历经60多年发展的地理信息系统（GIS），现已迈入"天空地海网"动态立体观测、地理大数据智能分析、全息地图服务与地理信息普适应用的新时代，包含地理信息科学、地理信息技术、地理信息工程的地理信息领域正在形成，由此对地理信息人才教育提出新的要求。在此背景下，我国高校GIS人才培养迎来新的机遇，也面临诸多挑战，培养适应时代发展的GIS人才是实现我国GIS跨越发展的重要保障之一。

作为我国GIS领域的知名品牌专业，南京师范大学地理信息科学专业一直重视教材建设。早在21世纪初，闾国年教授就主持出版了"21世纪高等院校教材·地理信息系统教学丛书"，对我国GIS教育产生了重大影响。我国GIS的奠基人陈述彭先生为该丛书作序，并指出：该项浩大工程的完成填补了我国GIS系列教材建设方面的空白，对缓解我国地理信息系统专业教材发展不平衡的现状将起到重要的作用。十几年来，GIS技术及其应用与产业快速发展，从适应高校GIS专业人才培养的需求出发，面向国家一流专业建设目标，南京师范大学地理信息科学专业会同科学出版社，经过深入的分析和研讨，针对地理信息科学教学现状新编了相关教材，对原有丛书中采用院校多、质量高的教材进行修订，形成了此套"地理信息科学一流专业系列教材"。该系列教材注重融入学科发展最新成果、强化实验实践训练、加强传统教材与在线课程结合，实现了科学性与实用性相结合的编写目标，也突出了学科体系发展的新方向。

当下，适逢中国高等教育内涵式发展与高校一流本科建设的新阶段，我相信，"地理信息科学一流专业系列教材"丛书编委会一定会在传承的基础上开拓创新，为我国GIS高等教育发展和人才培养做出重要贡献。

中国科学院院士

2019年8月于北京

前　言

　　地理信息作为时空信息的重要组成部分，是国民经济建设和国防建设的新型基础设施，在各行各业具有十分广泛的应用。地理信息不仅有助于人们更好地理解和掌握地球上的各类事物，更是驱动整个数字化时代的重要数据源。因此，应高度重视地理信息安全问题，确保地理信息的安全、精确和完整。随着地理信息技术的快速发展，地理信息的安全性问题日益凸显。地理信息泄露、篡改和滥用对国家、社会和个人都会带来严重的损害，如何有效地确保地理信息的安全，逐渐成为社会各界共同关注的问题。

　　党的十八大以来，以习近平同志为核心的党中央把国家安全作为头等大事，着眼中华民族伟大复兴战略全局和世界百年未有之大变局，对国家安全做出战略擘画、全面部署。2014 年 4 月，习近平总书记在主持召开中央国家安全委员会第一次会议时首次提出总体国家安全观，并首次系统提出"11 种安全"。总体国家安全观的提出，大大拓展了对于地理信息安全的认知，丰富了地理信息安全的内涵和外延。同年，《国务院办公厅关于促进地理信息产业发展的意见》首次明确提出地理信息安全同时涉及传统安全问题和非传统安全问题——"地理信息是重要的战略性信息资源，关系到国家主权、安全和利益，在维护政治、经济、军事、科技和其他非传统领域国家安全中发挥着重要作用"。2017 年修订的《中华人民共和国测绘法》将"维护国家地理信息安全"写入立法总则，并将之贯穿主线。2021 年 11 月，中共中央政治局会议审议通过《国家安全战略（2021—2025 年）》，该战略对构建与新发展格局相适应的新安全格局，统筹做好重点领域、重点地区、重点方向国家安全工作作出部署，国家安全制度体系正在不断完善。维护地理信息安全，必须立足于中华民族伟大复兴战略全局和世界百年未有之大变局，坚持党对地理信息安全管理工作的集中统一领导，加强统筹协调，把维护地理信息安全同支撑经济社会发展、支撑自然资源管理一起谋划、一起部署，把防范与化解地理信息安全风险摆在突出位置。

　　本书通过分析地理信息安全的现状，将地理信息安全技术中使用的密码学技术、数字水印技术、交换密码水印技术、访问控制技术、保密处理技术和地理安全技术应用实践有机结合，以期为推动地理信息安全保护提供一定的理论支持和实践借鉴。本书共分为 8 章。第 1 章主要介绍地理信息安全的相关基础知识，包括地理信息安全概念、地理信息安全的环境及现状、地理信息安全体系和地理信息安全法规；第 2 章介绍了密码学技术的基本概念，并探究了几类典型地理数据的密钥管理技术和加密手段；第 3 章介绍了数字水印技术的基本概念，并阐述了几类典型的地理数据数字水印技术，以及水印生成、嵌入与提取方法；第 4 章结合具体实例，从原理、性质、应用场景等角度介绍了交换密码水印技术；第 5 章介绍了访问控制技术的基本概念和几种经典模型，并讨论了针对地理空间数据的访问控制策略；第 6 章介绍了保密处理技术及其五大技术手段；第 7 章介绍了地理信息安全技术的应用概述，探讨其在自然资源领域、公共安全领域、城市规划与管理领域的应用；第 8 章介绍了现行地理信息安全管理方法存在的问题，并给出了针对性的安全管理方法。

　　南京师范大学地理信息安全团队长期从事地理信息安全的理论研究和实践应用，对地理信息安全的技术、应用、政策和法律有系统、深入的研究。本书是作者及团队在多年科研、教学经验的基础上编写而成，融合了丰富的理论和应用成果。全书由任娜提出总体撰写思路和提纲，朱长青和陈玮彤参与编写，最终由任娜统稿。其中，第 2、4、6、7 章由任娜编写，第 1、8 章由朱长青编写，第 3、5 章由陈玮彤编写。此外，为本书写作提供帮助的有王心怡、朱贤姝、郭水涛、熊颖、徐伶媛、边婉平、金鑫、周紫璇、庞馨妍、周倩雯、吕月周、朱江、周齐飞、徐鼎捷、汪贺延、佟德宇等。

　　由于作者水平有限，书中难免存在不足之处，敬请读者批评指正！

作　者

2023 年 11 月

目　　录

第 1 章　地理信息安全概述

地理信息是国家重要的基础性、战略性信息资源，事关国家主权、安全和利益。在信息化和全球化的背景下，地理信息安全面临很多挑战，因此地理信息安全体系的研究显得更加迫切。本章对地理信息安全的相关基础知识进行论述，包括地理信息安全概念、地理信息安全的环境及现状、地理信息安全体系和地理信息安全法规。

1.1　地理信息安全概念

1.1.1　地理信息的概念

地理信息属于三维空间信息，具有位置、时间和属性三个基本特征。在地理信息中，其位置是通过数据进行标识的，这是地理信息区别于其他类型信息最显著的标志。地理信息不仅具有区域性、多维结构和动态变化的特性，还有可存储性、可传输性、可转换性、可扩充性、商品性与共享性等特征。

地理信息是指有关地理实体的性质、特征和运动状态的表征和一切有用的知识，它是对表达地理特征要素和地理现象之间关系的地理数据的解释。地理信息除了具有信息的一般特性外，还具有以下独特特性：空间分布性、数据量大、具有多维结构和明显的时序特征。空间分布性是指地理信息具有空间定位的特点。先定位后定性，并在区域上表现出分布式的特点，不可重叠，其属性表现为多层次，因此，地理数据库的分布或更新也应是分布式。多维结构特征是指在同一个空间位置上，具有多个专题和属性的信息结构，例如，在同一个空间位置上，可取得高度、噪声、污染、交通等多种信息。而且，地理信息有明显的时序特征，即动态变化的特征，这就要求对其及时采集和更新，并根据多时相的数据和信息来寻找随时间变化的分布规律，进而对未来做出预测或预报。

1.1.2　空间数据的类型

地理数据是地理信息的载体，是各种地理特征和现象之间关系的符号化表示。地理信息就是对表达地理特征和地理现象之间关系的地理数据的解释和加工。地理数据是各种地理特征和现象之间关系的符号化表示，包括空间位置特征、属性特征及时态特征。空间位置数据描述地理实体所在的空间绝对位置及实体间存在的空间关系的相对位置。空间位置可由定义的坐标参照系统描述，空间关系可由拓扑关系，如邻接、关联、连通、包含等来描述。属性特征有时又称为非空间特征，是属于一定地理实体的定性、定量指标，即描述了地理信息的非空间组成成分，包括语义数据和统计数据等。时态特征是指地理数据采集或地理现象发生的时刻或时段。时态数据对环境模拟分析非常重要，受到地理信息系统学界的高度重视。地理信息的空间位置、属性特征和时态特征是地理信息系统技术发展的根本点，也是支持地理空间分析的三大基本要素。

基础地理信息数据从数据模型和数据结构上可分为两大类：矢量数据和栅格数据。遥感影像属于栅格数据，矢量地理数据属于矢量数据。典型的三维地理数据包括三维点云、倾斜摄影模型和建筑信息模型（building information model, BIM），其核心也是由顶点和线构成的矢量数据。此外，还有数字高程模型（digital elevation model, DEM）数据，主要有栅格类型的规则网格 DEM 和矢量类型的不规则三角网 DEM。

遥感影像属于栅格数据，也是一种图像。相比于常规图像，遥感影像的细节、边缘及纹理更丰富，具有丰富的信息量。遥感影像的像素值表示的是地物电磁波辐射的一种量度，与遥感所使用的电磁波工作波段、地物类型、理化性状及成像方式等有关，有明确的物理意义。同时，遥感影像具有多波段特性，不同传感器得到的影像，在不同的波段所反映的地物信息不同。

矢量地理数据是指使用矢量数据结构来描述地理空间信息的数据。矢量数据结构是指在地理空间坐标系中，通过定义点、线、面等基本几何要素及其之间的拓扑关系来描述地理空间信息的一种数据结构。例如，一个点可以表示某个地理空间对象的一个位置，一条线可以表示某个地理空间对象的边界或路径，一个面可以表示某个地理空间对象的区域范围。矢量地理数据可以用来表示各种地理空间对象，如河流、山脉、道路、建筑物等。

三维地理数据是一种用于描述地球表面、地下或空间中物体三维形状、位置、方向和属性的数据。与传统的二维地理数据相比，三维地理数据能够提供更加直观、真实的地理环境信息，为城市规划、资源管理、环境监测、建筑设计、仿真等领域的应用提供更加精细化和真实化的数据支持。三维地理数据是指通过激光雷达、卫星遥感、摄影测量等技术获取，然后利用计算机软件对其进行处理、建模、渲染等操作，生成的具有三维几何形态和地理属性信息的地理数据。

1.1.3 地理信息安全的含义

地理信息安全从广义上讲就是数据安全，或者是时空大数据的安全。没有数据安全，就没有数据产业的发展。同样，没有地理信息的安全，也就没有地理产业的发展，所以地理信息安全是一个非常重要的问题。

当前，卫星遥感、移动测量、高精度定位等测绘技术，都在进一步与人工智能、大数据、移动互联网及自动驾驶等新一代信息技术进一步融合发展，相关新技术、新业态、新应用不断地涌现。我国地理信息安全的跨界性、关联性、放大性都在不断增强，使得地理信息安全监管的复杂性和不确定性不断增大。

当前要根据国际、国内的复杂形势，毫不动摇地坚持总体国家安全观，统筹发展安全，做好地理信息安全与产业发展的平衡，将强化地理信息安全监管、维护国家地理信息安全、促进地理信息安全应用摆到更加突出的重要位置。一是严守国家的安全底线，画出地理数据分类分级保护的底线和红线，围绕相关的不同类型的数据，不断完善相应的管理政策。二是坚持以人民为中心的中心思想。习近平总书记强调国家安全工作归根结底是保证人民利益，要坚持国家安全一切为了人民，一切依靠人民，为群众安居乐业提供坚强保障。在保障国家安全的同时，要认真贯彻习近平总书记的指示，为社会公众提供更好、更加便利的地理信息服务。三是要采取审慎和包容的监管态度。地理信息领域目前发展得很快，新产品、新业态、新应用的变化日新月异，在监管过程中，一方面不能放任，另一方面也不能因为安全问题"一竿子"限制到底，在有效监管的前提下要支持先行、先试，探索在维护国家地理安全前提下促进地理信息应用的最优解。

1.2　地理信息安全的环境及现状

随着信息科学和计算机网络技术的飞速发展，测绘工作在数字化基础上逐渐向信息化转变，地理信息产业进入加速发展时期，测绘市场规模迅速扩大。我国地理信息安全面临传统安全问题与非传统安全问题交织的局面。2014 年 4 月，习近平总书记在主持召开中央国家安全委员会第一次会议时首次提出总体国家安全观，并首次系统提出"11 种安全"。总体国家安全观的提出，大大拓展了对于地理信息安全的认知，丰富了地理信息安全的内涵和外延。2016 年，《测绘地理信息事业"十三五"规划》首次将维护国家安全纳入测绘事业总体发展思路，首次将地理信息安全作为能力建设的重要内容，要求"增强安全防护能力"，提出建设国家互联网地理信息安全监管平台和互联网地图监管中心、加强卫星导航定位基准站建设和运行的安全管理、加强关键网络基础设施和重要信息系统安全保障等具体任务。2017 年修订的《中华人民共和国测绘法》按照推进地理信息规范监管和广泛应用的总体要求，坚持保障地理信息安全和促进地理信息产业发展并重。在 2017 年修订的《中华人民共和国测绘法》总则中就明确了"维护国家地理信息安全"的立法宗旨，提及"安全"一词 19 次。当前，围绕国家安全需求，我国测绘地理信息工作取得了一系列重要进展。但是，与保障国家安全的需求相比，仍然面临许多威胁，尤其是在目前以云计算、大数据、移动互联网、物联网、人工智能为代表的新一代信息技术的快速发展时期，地理信息从作为国防资源情报的主要组成部分，到服务于经济建设，再到走进民生，所面临的安全风险也日益复杂。

目前，世界主要国家高度重视地理信息对国家安全的影响，纷纷采取政策、技术等措施强化安全管理，且近年来监管措施越来越严格。以美国为例，美国的地理信息安全法规体系是比较完善的，在许多法律法规中都设立了专门针对地理信息进行规范的规章或者条款，与此同时，虽然地理信息应用涉及美国众多的部门，但在美国国家安全委员会的统一协调下，各相关部门均能按照职责所在，划分本部门涉密和受控的地理信息数据，并采取相应的保护措施。2005 年，美国政府发布顾及安全的地理信息提供指南，专门指导和解决地理信息提供中的安全问题；近年来，美国政府进一步加强地理信息位置数据的监控，专门将重要地理信息数据纳入了美国外资投资委员会的审查范围。世界其他国家，如德国、英国等，虽然在策略上有所不同，但是同样会对涉及国家安全的地理信息采取限制访问等严格的管控措施，同时，西方国家往往以个人信息保护为借口来设置地理信息数据跨境流动壁垒。

1.2.1　地理信息安全面临的威胁

地理信息安全是指对地理信息的保护，包括地理信息的保密性、完整性和可用性。随着地理信息技术的不断发展，地理信息安全也面临着威胁。

1. 数据安全问题

地理信息数据安全问题主要包括数据滥用问题、数据泄露问题、数据篡改问题和数据安全威胁问题。数据滥用是指未经授权的用户或机构，利用地理信息数据进行非法的或不当的活动，如进行商业竞争、侵犯个人隐私等。这些滥用行为不仅会损害数据的安全和隐私性，还会对社会和经济造成不良影响。数据泄露是指地理信息数据被非法获取或意外泄露的情况。数据泄露会导致个人隐私的泄露、商业机密的流失等问题，给个人和组织带来严重的损失。数据篡改是指未经授权的用户或机构，对地理信息数据进行恶意篡改的行为。数据篡改可能会影响数据的完整性和真实性，对地理信息数据的使用和分析带来误导，对决策和规划带来不利影响。地理信息数据的使用权限问题可能会面临安全威胁，如黑客攻击、病毒感染等问题。这些安全威胁会直接影响地理信息数据的安全和可靠性，甚至会导致数据的丢失或不可用。

2. 网络与信息系统安全问题

随着互联网时代的快速发展和不断突破，信息管理越来越智能化，地理信息的应用范围也越来越广泛。在地理信息与互联网技术相结合的应用背景下，网络技术正极大地改变着信息的获取、分析处理、共享与发布的方式。网络与信息系统安全威胁是指以计算机为核心的网络系统所面临的安全事件或潜在安全事件带来的负面影响。攻击者可以利用系统中存在的安全漏洞或弱点进行攻击，漏洞可能是系统设计的不当、代码错误或未及时修补等造成的；攻击者还可以利用网络安全漏洞和弱点入侵系统，窃取地理信息、控制系统或破坏系统，不仅威胁地理信息的安全，还可能泄露个人隐私和国家机密。

3. 数据版权得不到有效保护

地理信息是数字化的数据，数字化信息容易被复制和传播，而版权所有者却很难对其进行有效的管理。在地理信息产业推广的过程中，易出现扩散、泄密，面临着保密和广泛应用的矛盾，以及版权得不到有效保护和统一监管不力等安全问题。无论是在线应用还是离线应用，主要问题是数据版权得不到有效保护，如非法复制和未经授权的增值加工等。针对出现问题的地理信息，无法及时追根溯源和进行法律上的处罚；行业信息数据面临着各种倒卖、篡改、威胁和攻击问题，这可能会导致数据的质量下降，影响数据使用的可靠性和准确性。地理信息数据未经合法授权就被使用和传播，可能会导致数据泄露和数据安全问题，可能会给数据提供方和使用方带来极大的损失，特别是在军事、国防等领域中更为敏感。数据版权问题还会导致数据提供方对数据的共享保持谨慎态度，进而导致数据的共享受到限制，阻碍地理信息数据的广泛应用和发展。

1.2.2　地理信息安全的作用和地位

随着地理信息技术的不断发展和应用，地理信息安全的作用和地位越来越受到重视。《测绘地理信息事业"十三五"规划》和新《中华人民共和国测绘法》有关地理信息安全的论述和规定，形成了较为全面、系统的"地理信息安全"定义——既从推进全球地理信息资源开发建设方面体现了对于外部安全的重视，又从测绘成果保密管理、来华测绘管理等方面体现了对于内部安全的重视；既从地图管理、重要地理信息审核与发布等方面体现了国家主权和政治主张，又从知识产权和个人信息保护等方面体现了对公民私权安全的重视；既从保障军事、国防建设等方面重视传统安全，又从信息安全、网络安全等方面重视非传统安全；既重视测绘成果社会化应用和地理信息产业发展问题，又重视涉密地理信息保密问题和技术装备的安全可信问题；既要求政府部门加强地理信息安全监管和技术防控，又要求市场主体落实地理信息安全保密要求。

维护地理信息安全是为了确保地理信息数据的合法、安全、可靠地使用和传播，促进地理信息技术的应用与发展，同时保护国家安全、社会公共利益和个人隐私等。

1. 保护国家安全

地理信息数据包含大量的国家安全信息，如军事设施、敏感区域、国界线等。这些信息如果被泄露或篡改，可能会给国家安全带来重大威胁。因此，保护地理信息数据的安全对于国家安全具有重要意义。

1）保护军事设施安全

军事设施是国家安全的重要组成部分，包括军事基地、军工企业、导弹发射场等。这些设施的安全与国家安全息息相关，而这些设施的位置、规模和布局等信息都可以通过地理信息技术获取。如果这些信息被泄露或篡改，将会对国家安全带来严重影响。

2）保护敏感区域安全

敏感区域是指对国家安全、经济发展等具有特殊意义和重要价值的区域，如边境地区、核电站、重要水源地等。这些区域的地理信息数据如果被泄露或篡改，将会对国家安全和公共安全带来威胁。

3）保护国界线安全

国界线是国家主权和领土完整的重要体现，而国界线的位置和长度等信息也可以通过地理信息技术获取。如果这些信息被篡改或者泄露，将会对国家领土完整和国家安全带来严重威胁。

2. 保障公共安全

地理信息数据也涉及公共安全方面的问题，如城市规划、交通安全、环境保护等，保护地理信息数据的安全对于保障公共安全也具有重要意义。

1）保护城市规划安全

城市规划是城市建设的基础，而城市规划中所涉及的地理信息数据包括城市道路、建筑物、土地利用等。如果这些信息被篡改或泄露，将会对城市规划和城市建设带来严重影响。

2）保护交通安全

交通安全是人民群众生命财产安全的重要保障，而交通安全的数据也包括大量的地理信息数据，如道路、交通拥堵情况等。如果这些数据被篡改或泄露，将会对交通安全带来严重影响。

3）保护环境安全

环境保护是全球性的问题，而环境保护所涉及的地理信息数据包括自然资源分布、污染源分布等。如果这些数据被篡改或泄露，将会对环境保护和人民群众的生命健康带来威胁。

3. 促进经济发展

地理信息技术在促进经济发展方面发挥着重要作用，而保护地理信息数据的安全也是促进经济发展的重要保障。

1）保护商业机密

商业机密是企业在竞争中取得优势的重要资本，而商业机密也包括大量的地理信息数据，如销售数据、客户数据等。如果这些数据被泄露或篡改，将会对企业的竞争优势造成威胁。

2）促进地方经济发展

地理信息技术可以帮助企业了解市场需求、产品定位、销售渠道等，从而促进地方经济发展。而地理信息数据的安全保护也是地方经济发展的重要保障。例如，地方政府可以利用地理信息数据了解当地的自然环境、人口分布、产业发展等情况，从而优化资源配置，推动地方经济发展。如果这些数据受到破坏或泄露，将会对地方经济发展产生不良影响。

3）促进新兴产业发展

地理信息产业是一个新兴的产业，包括地理信息服务、地理信息技术、地理信息产品等。保护地理信息数据的安全也是促进新兴产业发展的重要保障。例如，地理信息数据的安全保护可以促进地理信息服务的发展，提高地理信息技术的应用水平，推动地理信息产品的创新和发展。

4. 保护个人隐私

地理信息安全对于保护个人隐私具有直接的作用。在地理信息技术的应用中，个人位置信息是最容易被获取的信息之一。如果这些信息被不法分子获取并滥用，会给个人隐私带来极大的危害。而地理信息安全的保护可以有效避免这种情况的发生，从而保护个人隐私的安全。

此外，地理信息安全在保护个人隐私方面还具有间接作用。保护地理信息安全可以增强公众对于地理信息技术的信任，从而推动地理信息技术的健康发展。只有公众对地理信息技术的信任得到了加强，才能够更好地保障个人隐私的安全。

地理信息安全是信息安全体系的重要组成部分，在现代社会中具有重要的作用和地位。地理信息数据是信息化时代产生的一种新的数据形态，具有重要的价值和意义。在现代社会中，地理信息技术得到广泛应用，地理信息数据也成为重要的战略资源，保护地理信息数据的安全也成为国家安全战略的重要组成部分。因此，加强地理信息安全的保护，具有重要的战略意义和现实意义。

1.3　地理信息安全体系

维护地理信息安全，要有相关的技术、政策、法规，构成一个完整的体系，三者相辅相成，把好国家地理信息安全这个大关。

1.3.1　立法安全

随着信息化时代的不断发展，地理信息安全问题越来越受到人们的关注，各国纷纷出台相关的安全立法以保障地理信息安全。

目前我国地理信息安全法律制度还比较薄弱，尤其是对地理信息的安全管理和保护等方面的法规还不够完备，缺乏专门的地理信息安全法规。目前，涉及地理信息安全的相关法律主要包括《中华人民共和国国家安全法》《中华人民共和国网络安全法》《中华人民共和国保守国家秘密法》《中华人民共和国测绘法》等。其中，《中华人民共和国国家安全法》和《中华人民共和国网络安全法》是我国的基本法律，对地理信息安全的保护都有相关规定。但由于这些法律是概括性的法律，对于地理信息安全的具体规定不够详细，难以对地理信息安全问题进行有效管控。

为了更好地保护地理信息安全，完善地理信息安全的法律制度至关重要。

1. 制定专门的地理信息安全法

制定专门的地理信息安全法，明确地理信息的定义、范围和内容，并对地理信息的采集、存储、处理、传输、共享、利用和保护等方面进行规范。地理信息安全法应该包括地理信息采集、存储、处理、传输、共享、利用和保护等各个环节的规定，以及相关的责任追究制度和处罚措施。

2. 建立地理信息安全评估机制

建立地理信息安全评估机制，对采集、存储、处理、传输、共享、利用和保护等环节的地理信息进行评估。同时，建立地理信息安全审核机制，对采集、存储、处理、传输、共享、利用和保护等环节的地理信息进行审核和审批，确保地理信息的合法、正当和安全。

3. 加强地理信息安全监管

加强地理信息安全监管，建立地理信息安全监管体系。由有关部门负责地理信息安全的监管和管理工作，对地理信息的采集、存储、处理、传输、共享、利用和保护等环节进行监督和管理，及时发现和处置安全隐患，确保地理信息安全。

监管体系应包括地理信息安全标准、技术规范和认证等,同时对地理信息安全违法行为进行严厉打击和惩罚。

4. 建立地理信息安全的责任追究制度

建立地理信息安全的责任追究制度,明确地理信息安全的责任主体和追究机制,对于违法违规行为进行严厉的处罚,对于失职渎职和疏于管理的行为进行追责和问责,形成有效的地理信息安全管理机制,保障地理信息安全。

地理信息安全是一个涉及众多利益方的复杂问题,其保障需要政府、企业和社会各界的共同努力。加强地理信息安全的立法工作,完善地理信息安全法律制度,将有助于构建一个更加安全、健康和可持续的地理信息环境。

1.3.2　安全标准

地理信息安全体系的安全标准是指对地理信息安全体系建设、管理、运行过程中的安全要求和规范的总称。

1. 数据安全标准

数据安全标准是指对地理信息数据安全的要求和规范,主要包括地理信息数据的采集、存储、处理、传输、共享和利用等方面的要求和规范。具体来说,数据安全标准应包括数据采集和处理的合法性、数据传输和存储的安全性、数据共享和利用的合规性等方面的要求和规范。

2. 信息安全管理标准

信息安全管理标准是指对地理信息安全体系管理的要求和规范,主要包括地理信息安全管理组织、职责和权限、风险管理和评估、安全审计、信息安全事件管理、安全培训和宣传等方面的要求和规范。信息安全管理标准是地理信息安全体系的基础,也是确保地理信息安全的关键。

3. 网络安全标准

网络安全标准是指对地理信息安全体系中网络安全的要求和规范,主要包括网络安全管理和运维、网络设备和设施的安全、网络通信和传输的安全、网络应用和服务的安全等方面的要求和规范。网络安全标准是确保地理信息网络安全体系的关键。

4. 物理安全标准

物理安全标准是指对地理信息安全体系中物理安全的要求和规范,主要包括场所和设施的安全、物理访问控制、设备和设施的保护、灾难恢复和应急响应等方面的要求和规范。物理安全标准是确保地理信息安全体系物理安全的关键。

1.3.3　安全技术措施

安全技术措施对于保障地理信息安全具有非常重要的作用。在信息安全威胁日益增多的今天，仅仅依靠物理安全措施已经远远不够。安全技术措施可以加强地理信息系统的防护能力，有效降低信息泄露、数据篡改、系统瘫痪等风险的发生概率，保护敏感地理信息的安全性和完整性。而且，通过采用科学的安全技术措施，地理信息安全体系可以在确保数据安全的同时，保证数据的可用性和完整性，提高地理信息处理的效率和质量，为地理信息应用提供可靠的支持。因此，地理信息安全体系的安全技术措施是确保地理信息安全的重要手段，是地理信息系统建设和运维的必要组成部分。常用的技术主要包括以下方面：

（1）密码学技术。

（2）数字水印技术。

（3）交换密码水印技术。

（4）访问控制技术。

（5）保密处理技术。

安全技术措施是本书讨论的重点，在后面各章中将分别介绍以上列出的各项地理信息安全技术。

1.4　地理信息安全法规

1.4.1　地理信息安全法规研究意义

地理信息安全政策与法规研究的主要目标是确保地理信息的收集、处理、传输和使用过程的安全性、保密性和完整性。地理信息安全政策与法规研究的内容涉及法律、技术、监管和国际合作等多个方面。对地理信息安全法规进行研究的意义主要体现在以下几个方面。

1. 保障国家安全和社会稳定

地理信息安全对国家安全、国土安全和社会公共安全具有重要的保障作用。通过建立健全的法律制度，可以规范地理信息的收集、处理、传输和使用过程，防范地理信息的非法获取、利用和泄露；对地理信息安全政策和法规进行研究可以帮助制定和实施相关法律、规章和指导方针，明确地理信息安全的管理职责和法律责任，保障国家安全和社会稳定。

2. 促进地理信息技术的健康发展

对地理信息安全政策和法规进行研究可以促进地理信息技术的健康发展。通过制定相关标准和技术规范，推动地理信息安全技术的研究和应用，提高地理信息安全保障能力，以保障地理信息的保密性、完整性和可用性。同时，还可以促进地理信息技术的创新和应用，为经济社会发展提供有力的支撑。

3. 促进地理信息国际安全共享和合作

地理信息安全是全球性问题，需要在国际层面上开展合作和交流。通过对地理信息安全政策和法规的研究可以加强国际交流与合作，推进地理信息安全标准和规范的国际化，提升我国在地理信息安全领域的话语权和影响力。通过促进地理信息国际安全共享和合作，可以实现地理信息的国际有序流通，促进地理信息技术的全球化发展。

1.4.2 我国地理信息安全法律与规定

2024 年 2 月第二次修订的《中华人民共和国保守国家秘密法》第十四条规定国家秘密的密级分为绝密、机密、秘密三级。绝密级国家秘密是最重要的国家秘密，泄露会使国家安全和利益遭受特别严重的损害；机密级国家秘密是重要的国家秘密，泄露会使国家安全和利益遭受严重的损害；秘密级国家秘密是一般的国家秘密，泄露会使国家安全和利益遭受损害。该法第二十条规定国家秘密的保密期限，应当根据事项的性质和特点，按照维护国家安全和利益的需要，限定在必要的期限内；不能确定期限的，应当确定解密的条件。国家秘密的保密期限，除另有规定外，绝密级不超过三十年，机密级不超过二十年，秘密级不超过十年。机关、单位应当根据工作需要，确定具体的保密期限、解密时间或者解密条件。机关、单位对在决定和处理有关事项工作过程中确定需要保密的事项，根据工作需要决定公开的，正式公布时即视为解密。

《中华人民共和国测绘法》于 1992 年 12 月 28 日首次通过，经过多次修订和完善，最新的修订版于 2017 年 7 月 1 日起施行。该法第十四条规定卫星导航定位基准站的建设和运行维护应当符合国家标准和要求，不得危害国家安全。卫星导航定位基准站的建设和运行维护单位应当建立数据安全保障制度，并遵守保密法律、行政法规的规定。县级以上人民政府测绘地理信息主管部门应当会同本级人民政府其他有关部门，加强对卫星导航定位基准站建设和运行维护的规范和指导。该法第二十四条规定建立地理信息系统，应当采用符合国家标准的基础地理信息数据。该法第二十九条规定测绘单位不得超越资质等级许可的范围从事测绘活动，不得以其他测绘单位的名义从事测绘活动，不得允许其他单位以本单位的名义从事测绘活动。

2021 年 9 月 1 日起施行的《中华人民共和国数据安全法》第十六条规定国家支持数据开发利用和数据安全技术研究，鼓励数据开发利用和数据安全等领域的技术推广和商业创新，培育、发展数据开发利用和数据安全产品、产业体系。该法第二十一条规定国家建立数据分类分级保护制度，根据数据在经济社会发展中的重要程度，以及一旦遭到篡改、破坏、泄露或者非法获取、非法利用，对国家安全、公共利益或者个人、组织合法权益造成的危害程度，对数据实行分类分级保护。国家数据安全工作协调机制统筹协调有关部门制定重要数据目录，加强对重要数据的保护。该法第三十条规定重要数据的处理者应当按照规定对其数据处理活动定期开展风险评估，并向有关主管部门报送风险评估报告。

《中华人民共和国地图管理条例》于 2016 年 1 月 1 日起正式施行，该法第十五条规定国家实行地图审核制度。出版、展示、登载、进出口地图，应当报送测绘行政主管部门审核。生产、进出口附着地图图形的产品，应当将样品报送测绘行政主管部门，由测绘行政主管部门对样品上的地图图形进行审核。使用公益性地图，对地图内容进行编辑改动的，应当报送测绘行政主管部门审核。该法第十六条规定利用涉及国家秘密的测绘成果编制地图的，还应提交保密技术处理证明。在依法送测绘行政主管部门进行地图审核前，应当经过国务院测绘行政主管部门或者省、自治区、直辖市人民政府测绘行政主管部门进行保密技术处理。保密技术处理的办法由国务院测绘行政主管部门会同有关部门制定。

2020 年 6 月 18 日，自然资源部、国家保密局正式发布了《测绘地理信息管理工作国家秘密范围的规定》（自然资发〔2020〕95 号）。该法规定军事禁区以外 1∶1 万、1∶5000 国家基本比例尺地形图（模拟产品）及其全要素数字化成果；军事禁区以外连续覆盖范围超过 25 平方千米的大于 1∶5000 的国家基本比例尺地形图（模拟产品）及其全要素数字化成果；军事禁区以外平面精度优于（含）10 米或高程精度优于（含）15 米，且连续覆盖范围超过 25 平方千米的数字高程模型和数字表面模型成果；军事禁区以外平面精度优于（含）10 米或地物高度相对量测精度优于（含）5%，且连续覆盖范围超过 25 平方千米的三维模型、点云、倾斜影像、实景影像、导航电子地图等实测成果均属于秘密，应长期保密。

2023 年 2 月 6 日，自然资源部印发的《公开地图内容表示规范》中指出：公开地图或者附着地图图形产品的内容表示，应当遵守本规范。其中第二十条规定表现地为我国境内的地图不得表示下列内容（对社会公众开放的除外）：

（一）军队指挥机关、指挥工程、作战工程，军用机场、港口、码头，营区、训练场、试验场，军用洞库、仓库，军用信息基础设施，军用侦察、导航、观测台站，军用测量、导航、助航标志，军用公路、铁路专用线，军用输电线路，军用输油、输水、输气管道，边防、海防管控设施等直接用于军事目的的各种军事设施；

（二）武器弹药、爆炸物品、剧毒物品、麻醉药品、精神药品、危险化学品、铀矿床和放射性物品的集中存放地，核材料战略储备库、核武器生产地点及储备品种和数量，高放射性废物的存放地，核电站；

（三）国家安全等要害部门；

（四）石油、天然气等重要管线；

（五）军民合用机场、港口、码头的重要设施；

（六）卫星导航定位基准站；

（七）国家禁止公开的其他内容。

1.4.3　国外地理信息安全政策和法律现状

地理信息是一个国家重要的信息资源，地理信息安全事关国家安全和国防。因此，各国都制定了相关法律政策来平衡地理信息的保密与应用问题。

美国政府在确保地理空间数据安全的同时，也鼓励公民、学术界和企业共享这些数据，以推动地理信息技术的发展。2020 年 11 月，美国负责地理信息数据统筹协调的机构——联邦地理数据委员会（Federal Geographic Data Committee, FGDC）发布《美国空间数据基础设施战略规划（2021—2024 年）》（以下简称"战略规划"），该战略规划是在《美国地理信息数据法案（2018）》框架下对地理信息数据统筹管理的最高级别规划，是在 2017 年战略框架基础上的更新。

印度曾是世界主要国家中对事前审批、边境测绘、地理信息利用等方面管控最严格的国家之一。但在 2005 年，印度对测绘地理信息领域的政策发生了转变。印度中央政府 2005 年颁布了《国家地图政策》，首次确定了高质量地理信息数据在社会经济发展、自然资源保护、基础设施发展等各个领域的重要性。2021 年 2 月初，印度政府发布了《21 世纪的印度地图》战略，并配套出台了《关于获取和生产地理信息数据以及地理信息数据服务的指南》（后简称《指南》）。《指南》宣布针对地理信息数据和地图政策"彻底"自由化，取消私营企业各项事前审批事项，对敏感地理信息数据设立负面清单，允许跨国公司在印度开展面向本土的测绘活动等政策。

俄罗斯在地理信息安全立法方面采取"安全先行、严中有宽"的指导思想。2017 年 1 月 1 日，俄罗斯联邦总统普京签署法律《关于大地测量、制图、地理信息数据以及对俄罗斯联邦某些立法行为修正案的联邦法律有关规定》（后简称俄《测绘地理信息法》）。俄《测绘地理信息法》是规范俄罗斯联邦大地测量、制图活动及地理信息收集、储存、处理、呈现和分发的联邦法律，主要对俄罗斯联邦境内及领海、内海、专属经济区范围内的坐标系统、国家高程系统和重力系统、军事测绘和制图工作、国家空间数据储备、地理信息数据门户、地理信息安全等方面的行为进行了规范，并对机构职责进行了划定。

世界各国在地理信息安全的立法上各有侧重，同时存在许多共同特点值得借鉴，如重视版权保护、保护敏感信息、重视从业审查、严格对外限制等。各个国家在测绘地理信息法制化进程上的趋同，体现了对地理信息领域保密、安全、共享等问题的高度重视。

第 2 章　密码学技术

随着数字化进程的发展，地理信息面临的各类安全威胁也大大增加。地理信息的加密算法作为地理数据安全保护的有效手段之一，它利用不同的数学变换使得数据变为不可用数据，合法用户获取到密钥后才可获得原始数据。本章从密码学的基本概念出发，并在此基础上探究密钥管理技术、经典加密算法和现代加密算法的思想和实例说明。

2.1　密码学技术的基本概念

2.1.1　密码学的定义

密码学（cryptography）是一种用于确保通信和存储数据安全性和完整性的科学和技术。它涉及设计和分析安全算法和协议，并使用这些算法和协议以确保数据的保密性、完整性和可用性。密码学作为一门专门研究信息安全保护的学科，涉及加密、解密、认证、数字签名等方面的技术。在信息时代，保护数据的安全和隐私非常重要，因此密码学变得越来越重要。加密方案的设计必须从密码学的一般原则开始，即必须假定潜在的攻击者知道用于加密数据的算法。因此，即使加密算法对外界来说是新的或秘密的，数据本身也是不可信任的，只有当加密算法的密钥受到保护时，才能认为数据是安全的。在制定加密算法时，需要假设攻击者已经获悉了加密算法的具体内容，这被称为 Kerckhoffs 规律，是由荷兰密码学家 Auguste Kerckhoffs 在 19 世纪《军事密码学》一书中提出的六条加密系统必备要求之一。以下六条要求也是现有所有的加密算法的基础：

（1）在实际应用中，加密系统应该是极其困难甚至近乎不可能被破解的，尽管在理论上可能存在某些攻击方法。

（2）破解加密系统不应该打扰正常通信。

（3）密钥应无序做记录即可记住，并容易修改。

（4）密码应能够用电报来传输。

（5）设备或文档应一个人即可携带或操作。

（6）该系统应易于使用，不需要长规则清单或特别培训。

Claude Shannon 在 20 世纪 40 年代就提出了混淆（confusion）和扩散（diffusion）的概念来衡量密码学的加密算法的优劣。混淆是指密码隐藏所有的局部模式，使所有可识别的语言特征保持隐藏，防止暗示性语言特征的泄露，从而导致密钥的破译。另一方面，扩散需要混合密码文本的不同部分，使字母不能保留其原来的位置。然而，许多经典密码不具备这些特性，因此很容易被破译。

与其他技术一样，密码系统的价值最终取决于经济因素。一方面，密码学不一定是"不可破解的"。如果获取信息的成本小于破解密码的成本，那么数据可以被认为是安全的。另一方面，如果破解密码所需的时间大于信息的使用寿命，也可以认为数据是安全的。因此，任何加密方法的最终安全性都基于以下原则：回报必须大于代价。

2.1.2　密码学的主要框架和基本原理

密码学是关于保护通信和数据安全的学科。其主要框架包括以下几个方面：

（1）加密算法。加密算法是一种将明文转换为密文的算法。它通常依赖于密钥，可以是对称密钥或者公钥，也可以是一种不依赖于密钥的散列函数。

（2）解密算法。解密算法是一种将密文转换为明文的算法。它需要密钥来解密，对称密钥密码学需要与加密时使用的密钥相同，而公钥密码学则需要使用对应的私钥。

（3）密钥管理。密钥管理是一种确保密钥的安全和管理的方法。它通常涉及密钥生成、密钥分配、密钥存储、密钥更新、密钥撤销等方面的技术。

（4）数字签名。数字签名是一种将数字文档与发送者绑定起来的方法，以确保它没有被篡改。它通常涉及使用私钥来对数字文档进行加密，并使用公钥进行验证。

（5）认证协议。认证协议是用于确定用户身份的机制。它们使用密码技术确保用户的身份是真实的，目前最常用的认证协议是基于密码的认证机制和基于证书的认证机制。

（6）密码学安全协议，密码学安全协议是为了保证信息交换过程中的安全性而设计的。其中最经典的是安全套接层（secure socket layer，SSL）/传输层安全（transport layer security，TLS）协议，主要用于支持网络（Web）上的安全交互。还有 IPSec（internet protocol security）协议，它是基于互联网协议（internet protocol，IP）通信网络的加密和认证方法。

2.1.3　密码学技术分类

密码学根据对密钥的不同处理可以分为两大类：对称密钥密码学和非对称公钥密码学。

1. 对称密钥密码学

对称密钥加密法是采用相同的密钥对信息进行加密和解密的方法。对称密钥密码学的主要问题是如何安全地共享密钥。在实践中，通常需要使用密码协商协议或者密钥管理系统来安全地共享密钥。对称密码体制模型如图 2-1 所示。

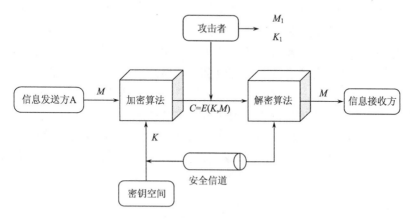

图 2-1　对称密码体制模型

常见的对称加密算法有以下几种。

（1）数据加密标准（data encryption standard，DES），是一种采用 56 位密钥的老式对称加密算法，已经被广泛攻破。因此，DES 已经不再安全，已被更加安全的算法取代。

（2）三重数据加密算法（triple data encryption algorithm，triple-DES），是加强版的 DES 算法，通过对三个不同的 56 位密钥进行三次数据加密，提高了安全性。但是，由于加密解密速度较慢，三重数据加密算法在实际应用中逐渐被更快的算法取代。

（3）高级加密标准（advanced encryption standard，AES），它是使用 128 位、192 位或 256 位密钥的高效并且安全的对称加密算法，是目前最常用的对称加密算法之一。

（4）RC4（rivest cipher 4），著名的流密码算法，使用变长的密钥，即可支持任意长度的密钥。它曾经被广泛应用于有线等效保密（wired equivalent privacy，WEP）、SSL、TLS 等加密协议中，但因为安全性问题，目前已经不再推荐使用。

（5）Blowfish 是一种快速、安全的对称加密算法，支持 64 位密钥，是目前一种比较流行的加密算法。

2. 非对称公钥密码学

非对称公钥密码学（也称为公钥密码学）是基于密钥对信息进行加密和解密的加密形式。一对密钥由任何人都可以使用的公钥和只能被其所有者使用的私钥构成。

非对称加密算法需要一对相应的密钥——公钥和私钥。采用公钥加密的数据只可以被其专属的私钥破解，同理可得，用私钥加密过后的信息只能够通过使用其对应的公钥解开。非对称加密算法的基本步骤是：甲方拥有了一对密钥，然后选择其间的一把密钥作为公钥。乙方收到公钥后，用它来加密要加密的信息，并将其输送给甲方。甲方接收到乙方发送的信息后使用其私钥破译加密信息，并发送保密数据。非对称加密算法也被用在数字签名技术中，甲方用私钥加密信息后输送给乙方，之后乙方根据甲方提供的公钥解密加密过后的信息获得正确传递的信息。如果解密成功，乙方可以确认该信息确实来自甲方，而不是由第三方伪造的。非对称密码体制模型如图 2-2 所示。

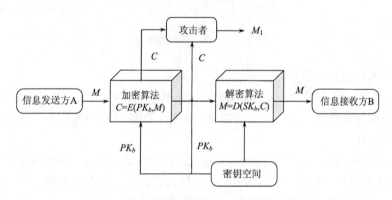

图 2-2　非对称密码体制模型

非对称加密算法的特点是算法和密钥的组合影响了算法的复杂性及安全性。由于算法复杂性提升，加密和解密的速度相较于对称加密算法变慢，不适合用在处理大量的数据加密上。非对称加密算法采用公开和非公开两个密钥，因而其在传输密钥的过程中避免了安全的问题；在加密数据传输的安全性方面，非对称加密算法优于对称加密算法。

2.1.4　密码学技术应用领域

密码学是一门涵盖广泛的学科，其应用领域也非常广泛。当今社会中，信息安全已经成为一个非常重要的问题。数字化和信息化不断深入发展，各种类型的数据和信息都需要存储和传输，这就导致数据的保密性、完整性和可用性成为关键问题。

在信息安全方面，密码学经常被用来确保数据的保密性、完整性和可用性。密码学的应用包括数据加密、数字签名、身份验证、密钥管理等。数据加密是密码学中的一个基本应用，它可以将数据通过加密算法转化为一种看似无意义的乱码，从而确保数据的保密性。数字签名被用来保护数据的完整性和真实性，它是利用密码学的方法对数据进行签名和验证，以确保数据的来源和完整性。身份验证则是通过密码学技术来确定用户的身份，以确保用户的身份合法和数据的安全。密钥管理则是在加密和解密过程中，对密钥进行管理和控制，保证密钥的安全和可靠性。

在电子商务领域，密码学也被广泛应用于保护在线支付、电子邮件、网络通信等方面的安全。在金融领域，密码学在保护交易的安全性方面发挥着重要的作用，包括银行卡、自动取款机（automated teller machine，ATM）、在线银行等方面。在政府和军事领域，密码学被广泛应用于保护国家机密、军事情报、通信和数据的安全。同时，在人工智能和大数据领域中，密码学也扮演着重要的角色，例如，保护大数据的隐私和安全。

总之，密码学是信息安全和保密领域中的基础和重要组成部分，其应用非常广泛。随着数字化和信息化的不断深入发展，未来密码学的应用也将变得更加广泛和重要。

2.2 密钥管理技术

2.2.1 密钥管理的概念与原理

随着数字化领域探索的不断深入，密码系统已在计算机、通信系统广泛应用，而目前密码算法的设计和实现越来越透明，一方面方便了标准化以达到互联互通，另一方面方便了算法公开评测，保障其中未嵌入后门。因此，密钥决定了密码系统的安全性，而密钥管理的作用就是从技术和管理的角度来保障密钥的安全。密钥管理是指授权方之间实现密钥关系建立、维护的整套技术和程序，这需要严格的论证、设计。因此，密钥管理应遵循以下几项基本原则。

1. 区分密钥管理的策略和机制

密钥管理是复杂的，如果没有良好的管理方法，那么密钥的安全就不能确保。反之，只有良好的管理方法，而没有良好的机制支撑，也没有意义。

2. 完全安全策略

在创建、存储、分发、使用、交换和销毁密钥时，必须进行适当的安全管理，确保钥匙在每个阶段都是安全的。如果一个环节失败，则表示密钥不安全。因此，可以得出结论，密钥安全性是由整个密钥过程中的最低安全级别决定的。

3. 最小权利原则

这个原则是指在密钥管理中只分配给用户进行某一事物所需的最小密钥集合。因为用户获得的密钥越多，则他的权利就越大，所能获得的信息就越多，如果用户不诚实，就可能发生危害信息的事情。

4. 责任分离原则

该原则是指一个密钥只应负责一种功能，不能让一个密钥同时具备几种功能。例如，密钥用于数据加密时不应该同时用于用户认证，密钥用于文件加密时不应该同时用于通信加密。密钥专职的优点在于：即使密钥被暴露，也只会影响一种功能的安全性，可以使损失最小化。

5. 密钥分级原则

这一原则是指一个大型密码系统由多种类型的密钥组成。核心分类策略必须基于责任和重要性，分为多个阶段，使用高级密钥保护下级密钥。最高级别的密钥由安全物理设备保护。这样就可以确保使用安全密钥，同时减少并简化密钥管理。

6. 密钥更换原则

根据这一原则，密钥必须定期更换。否则，只要攻击者截获大量密文，即使使用强大的加密算法，密钥也很容易被破解。理想情况下，密钥只能使用一次，但密钥交换的频率越高，密钥管理就越复杂。实际应用时必须在安全性和效率之间取得平衡。

7. 密钥应当有足够的长度

密钥的长度越长，产生的密钥空间就越大，对其进行攻击就越困难，因而安全性也就越高；然而，密钥越长，用软硬件实现过程中所消耗的资源就越多。因此，密钥的长度要在效率和安全方面折中进行选择。

由于功能和应用需求上的差异，在密码系统的实际应用中，密钥的种类较多。图 2-3 表示一个常用的三层密钥管理的层次结构。

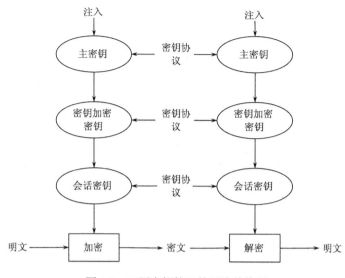

图 2-3 三层密钥管理的层次结构图

一般情况下，按照密钥的生存周期、功能和保密级别，可以将密钥分为三类：会话密钥、密钥加密密钥和主密钥。

密钥的分级系统为密钥管理带来了显著的提升。通常而言，低级的密钥更换速度更快，最底层的密钥可以一次一换。分级结构中，低级的密钥具有相对独立性。一方面，低级的密钥被破译不会对上级密钥的安全性产生影响；另一方面，最底层的密钥的结构、生成方式、内容可根据协议不断变换。

密钥的分级系统使得密钥管理自动化成为可能。一个大型密码系统需要庞大的密钥数量，全部采用人工交换的方法来获得密钥已经不可能。分级系统中，仅主密钥需要人工安装，其他各级密钥可以根据协议由密钥管理系统自动分配、更换或撤销。这种处理方式既提高了工作效率，也增强了安全性。核心密钥由管理人员掌握，他们不直接接触普通用户使用的密钥和明文数据，而普通用户也无法接触到核心密钥，这将使核心密钥的扩散范围降至最低。

2.2.2 常见的密钥管理算法

密钥管理方法是一种用于建立安全通信的过程，其目的是安全地分发和管理密钥，确保通信的机密性、完整性和可用性。通常，密钥管理过程被用作进行对称加密或非对称加密的前置步骤。以下将根据密钥管理是否存在上层密钥保护和密钥加密密钥的类型，对其进行分类。

1. 无密钥的密钥管理

Shamir 提出一种无密钥分配协议，协议执行双方只需要知道部分公开的系统参数。设初始化参数为一个大素数 p，p 公开并且任何人都可以使用。系统中的两个用户通过三次交互来传递会话密钥，过程如下。

（1）A 随机选取一个小于 $p-1$ 的秘密数 a，然后选择一个随机密钥 K 作为他想传输给 B 的会话密钥，要求 $1 \leqslant K_S \leqslant p-1$。$A$ 计算 $K_s{}^a \bmod p$ 并将其发送给 B。

（2）B 接收到了 $K_s{}^a \bmod p$，随机选取一个小于 $p-1$ 的秘密数 b，对其进行 b 次幂指数运算 $(K_s{}^a)^b \bmod p$，并将结果发送给 A。

（3）A 将接收到的值进行 $a^{-1}\bmod(p-1)$ 次幂指数运算，从而得到 $K_s{}^a \bmod p$，将其发送给 B。

（4）B 将接收到的值进行 $b^{-1}\bmod(p-1)$ 次幂指数运算，从而得到会话密钥 $K_s \bmod p$。

这个协议显然具有正确性，但 Shamir 的无密钥分发协议未提供身份认证，即 A 和 B 都未向对方证明自己的身份。若攻击者 C 截取了 A 发送给 B 的消息，那么 C 就可以冒充 B 与 A 通信。因此，在使用该协议时，需要有其他的配套协议提供身份认证。

2. 基于对称技术的密钥管理

参与双方 A 和 B 之间事先共享一个密钥加密密钥 K_{AB}，而会话密钥 K 是临时产生的，用预先共享的密钥加密会话密钥并发送给对方。由于对方也拥有此密钥，能解密得到会话密钥，交互信息为

$$A \rightarrow B : E_{K_{AB}}\left(K_s, t_A^*, B^*\right) \tag{2-1}$$

式中，t_A 为 A 的时间戳；B 为该消息发送的目标标识符；符号*为该项可选。此处时间戳可防止重放攻击，目标标识符可用于防止攻击者进行反射攻击等攻击。在双方密钥分配协议公式中，每两个用户需要使用一个共享的密钥加密密钥 K_{AB}。假设系统有 n 个用户，则共需要保存 $C_n^2 = n(n-1)/2$ 个密钥加密密钥。如果 $n=10$ 则共需要保存的密钥加密密钥数量为 45 个；当 $n=1000$ 时，总共需要保存的密钥加密密钥数量为 499500 个。可见，随着系统容量的增大，需要提前分配的密钥加密密钥数量将大量增加，这使得预分配工作非常困难，并且每个用户需要管理的密钥数量也成线性增长。为解决此问题，引入密钥分配中心（key distribution center，KDC）分配管理密钥，每个用户只需要管理与 KDC 间共享的密钥加密密钥，而随着用户数量增加，KDC 管理的密钥加密密钥数量也会随之线性增加。

3. 基于非对称技术的密钥分配

非对称（公钥）密码体制能够妥善解决密钥管理问题和密钥分配。系统中每个用户管理的密钥量和总的密钥量都与基于 KDC 的密钥分配系统相当，此外因为可信中心不需要实时参与基于公钥的密钥分配协议，所以 KDC 的瓶颈作用不会导致失败的密钥分配结果。协议交互消息为

$$A \to B : P_B(K_S, A) \qquad (2-2)$$

式中，P_B 为参与方 B 使用的公钥加密算法及 B 的公开密钥；$P_B(K_s, A)$ 为对密钥 K 和 A 身份的加密。同样地，上面的基本分配模块易受重放攻击等，因此不推荐使用，实际中可以考虑使用 Needham-Schroeder 密钥分配协议（公钥版本）：

$$A \to B : P_B(k_1, A) \qquad (2-3)$$

$$A \to B : P_B(k_1, k_2) \qquad (2-4)$$

$$A \to B : P_B(k_2) \qquad (2-5)$$

协议执行双方 A 和 B 总共交互 3 次，首先 A 将消息（1）发送给 B，其中 k_1 为 A 选取的秘密会话密钥。B 通过接收到的消息（1）恢复 k_1，并将消息（2）返回给 A，同样 k_2 为 B 选取的秘密会话密钥。当 A 解密消息（2）后，检查恢复的密钥 k_1 是否与消息（1）中发送的一致（假设 k_1 以前从未用过，那么 A 就确信 B 知道这个密钥）。A 将消息（3）发送给 B。当 B 解密消息（3）后，检查恢复的密钥 k_2 是否与消息（2）中发送的一致，最后使用一个适当的已知不可逆函数 f，计算 $K_s = f(k_1, k_2)$ 得到最终的会话密钥。

2.2.3 基于可逆信息隐藏的密钥管理技术

基于可逆信息隐藏的密钥分发方案是将处理后的密钥作为秘密信息嵌入加密的矢量地理数据中并与数据一起传输。基于预测插值的方法可以在追求较大的可嵌入容量的同时不产生冗余信息。

算法的流程包括以下三个步骤。

（1）密钥信息的处理。利用循环冗余校验码增加校验信息，可以实现在数据接收端无法得知正确密钥的情况下判断提取出的密钥的正误，可以有效防止密钥在传输过程中被篡改。

（2）信息的嵌入。预测方法的确立决定了可嵌入容量的大小。首先根据空间相关性的思想设计高准确度的预测方法，通过选择合适的嵌入方式，依据嵌入规则将处理后的密钥信息嵌入原始数据与预测数据的差值中。

（3）信息的提取。在信息提取与数据恢复的过程中，是利用相同的预测方法从预测差值中提取信息，最后根据恢复的预测差值来恢复数据。

基于预测差值的可逆信息隐藏算法流程图如图 2-4 所示。

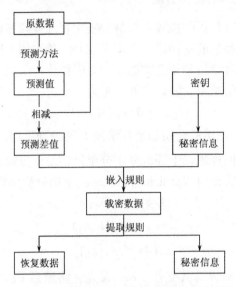

图 2-4　基于预测差值的可逆信息隐藏算法流程图

2.3　地理信息经典加密技术

2.3.1　数据加密标准加密算法

数据加密标准（DES）属于 Feistel 型密码，在这个密码中，u^i 被分成 L^i 和 R^i，并使用轮函数 $g\left(L^{i-1},R^{i-1},K^i\right)=\left(L^i,R^i\right)$，其中：

$$L^i = R^{i-1} \tag{2-6}$$

$$R^i = L^{i-1} \oplus f\left(L^i,K^i\right) \tag{2-7}$$

给定轮密钥，就有

$$L^{i-1} = R^i \oplus f\left(L^i,K^i\right) \tag{2-8}$$

$$R^{i-1} = L^i \tag{2-9}$$

DES 在加密之前，会先对明文进行一个固定的初始置换 IP，记为 $\mathrm{IP}(x)=L^0 R^0$。

对比特串 $L^{16}R^{16}$ 进行逆置换 IP^{-1} 在密码学上并没有意义，因此在 DES 的 16 轮加密中常常被忽略。一轮 DES 加密如图 2-5 所示。

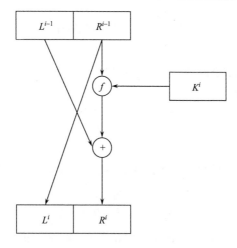

图 2-5　一轮 DES 加密

使用密钥编排方案 $\left(K^1, K^2, \cdots, K^{16}\right)$，该函数以 32 比特的当前状态右半部和一个轮密钥作为输入，其中轮密钥是由 56 比特的种子密钥 K 生成的 16 个 48 比特密钥之一。每个 K^i 都是通过对 K 进行置换选择得到的。R^i 和 L^i 都是 32 比特长。

函数 f 包含 S 盒代换和固定置换 P，其中输入变量 A 和 J 用于计算，见图 2-6。

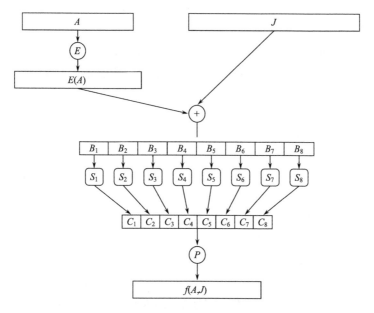

图 2-6　DES 的 f 函数

$$f:\{0,1\}^{32} \times \{0,1\}^{48} \to \{0,1\}^{32} \tag{2-10}$$

（1）首先使用固定的拓展函数 E 将 A 扩展为一个 48 比特的串 $E(A)$。

（2）计算 $E(A) \oplus J$ 的结果，并将结果分成 8 个 6 比特的串，形成并联结构 $B = B_1 B_2 B_3 B_4 B_5 B_6 B_7 B_8$。

（3）使用 8 个 S 盒子 $S_1, \cdots, S_8$。每一个 S 盒

$$S_I:\{0,1\}^6 \to \{0,1\}^4 \tag{2-11}$$

（4）对 32 比特的串 $C = C_1 C_2 C_3 C_4 C_5 C_6 C_7 C_8$ 做置换，所得结果 $P(C)$ 就是 $f(A,J)$。

对于一个比特串 $B_j = b_1 b_2 b_3 b_4 b_5 b_6$，$S_j(B_j)$ 计算方法为：$b_1 b_6$ 决定 S_j 某一行 $r(0 \leqslant r \leqslant 3)$ 的二进制表示，$b_2 b_3 b_4 b_5$ 决定 S_j 某一列 $c(0 \leqslant c \leqslant 15)$ 的二进制表示，则 $S_j(B_j)$ 可以被视为二进制的 4 比特串 $S_j(r,c)$，这样对 $1 \leqslant j \leqslant 8$，可以得出 $C_j = S_j(B_j)$。

DES 中的 S 盒虽然不同于传统的置换操作，但其每一行可以被视为一个将 0～15 的整数进行置换的函数。尽管 S 盒并非置换操作，但它在 DES 的设计中起到了关键作用。DES 的设计者采用这种结构，旨在提高密码系统的安全性，这也是设计 S 盒时所考虑的准则之一。

2.3.2 高级加密标准加密算法

高级加密标准（advanced encryption standard，AES）的特点是迭代型的加密算法。密钥长度决定迭代轮数 Nr。AES 使用 128 比特的分组长度，并提供了三种不同的密钥长度，分别为 128 比特、192 比特和 256 比特。密钥长度对应每轮密钥长度。每轮密钥长度为 128 比特时，对应 10 轮迭代，192 比特对应 12 轮迭代，256 比特对应 14 轮迭代。

AES 算法的执行过程如下。

（1）给定一个明文 x，将 State 初始化为 x，并使用 AddRoundKey 操作，即将 RoundKey 与 State 进行异或。

（2）对前 Nr–1 轮中的每一轮，按顺序进行四个步骤：使用 S 盒进行 SubBytes 代换操作；对 State 进行 ShiftRows 置换操作；对 State 进行 MixColumns 操作；再次使用 AddRoundKey 操作。

（3）对第 Nr 轮进行三个步骤：使用 S 盒进行 SubBytes 代换操作；对 State 进行 ShiftRows 置换操作；再次使用 AddRoundKey 操作，但不需要进行线性变换操作。

（4）经过 Nr 轮迭代后，State 中存储的数据即为密文。

AES 是一种密码体制，包括一个额外的线性变换。

明文 x 由 $x_0, \cdots, x_{15}$ 组成，并用一个 4×4 字节矩阵表示，称为 State。

$S_{0,0}$	$S_{0,1}$	$S_{0,2}$	$S_{0,3}$
$S_{1,0}$	$S_{1,1}$	$S_{1,2}$	$S_{1,3}$
$S_{2,0}$	$S_{2,1}$	$S_{2,2}$	$S_{2,3}$
$S_{3,0}$	$S_{3,1}$	$S_{3,2}$	$S_{3,3}$

开始时，State 被定义为由明文 x 的 16 个字节组成，即：

$S_{0,0}$	$S_{0,1}$	$S_{0,2}$	$S_{0,3}$
$S_{1,0}$	$S_{1,1}$	$S_{1,2}$	$S_{1,3}$
$S_{2,0}$	$S_{2,1}$	$S_{2,2}$	$S_{2,3}$
$S_{3,0}$	$S_{3,1}$	$S_{3,2}$	$S_{3,3}$

←

x_0	x_4	x_8	x_{12}
x_1	x_5	x_9	x_{13}
x_2	x_6	x_{10}	x_{14}
x_3	x_7	x_{11}	x_{15}

要使用 10 轮版本的 AES 构造密钥编排方案，需要进行以下步骤。

（1）初始化，将 128 比特的种子密钥拆分成 16 个字节，并将它们存储在一个 4×4 的字节矩阵中，称为初始密钥矩阵。

（2）扩展密钥，使用初始密钥矩阵生成 11 个轮密钥，每个轮密钥由 16 个字节组成，共 44 个字节。扩展密钥的过程可以通过重复应用密钥扩展算法来完成，每次生成一个新的轮密钥。

（3）加密，对 State 进行 10 轮操作，每轮操作包括 SubBytes、ShiftRows、MixColumns 和 AddRoundKey，最后一轮不包括 MixColumns。每一轮的轮密钥都是由扩展密钥中对应位置的 16 个字节组成的。最后一轮操作后，输出 State 矩阵即为密文。

（4）解密，使用同样的密钥编排方案，但是将轮密钥按相反的顺序使用，对密文进行解密。解密的过程包括对每轮的 State 矩阵应用 AddRoundKey、InvMixColumns、InvShiftRows 和 InvSubBytes 操作，最后一轮不包括 InvMixColumns 操作。最后一轮操作后，输出的 State 矩阵即为明文。

（5）等价逆密码，AES 的解密可以通过逆操作实现，其中 ShiftRows、SubBytes 和 MixColumns 操作需要使用它们的逆操作，而 AddRoundKey 操作的逆操作是它本身。通过这些逆操作就可以实现 AES 的解密。

2.3.3　国密算法

国密是指国家密码局认定的国产密码算法（表 2-1），其中最为常用的是 SM$_1$、

SM₂、SM₃和SM₄这四种算法，具体介绍如下。

（1）SM₁为对称加密算法，与AES有相当的强度，但该算法不公开，需通过加密芯片接口进行调用。

（2）SM₂为基于椭圆曲线的非对称加密算法，公开且安全强度高于RSA2048位，且运算速度较快。

（3）SM₃为消息摘要算法，校验结果为256位，相当于信息摘要算法（MD₅）。

（4）SM₄为对称加密算法，密钥长度和分组长度均为128位，是无线局域网标准的分组数据算法。

在使用SM₁和SM₄进行加解密时，其分组大小为128位，消息长度过长时进行分组，反之需要进行填充。而SM₂和SM₃则不需要进行分组或填充。另外，可以通过逆序进行加解密，并使用逆操作代替ShiftRows、SubBytes和MixColumns操作，构造SM₄的等价逆密码来实现解密。

表 2-1　国密算法

算法名称	算法类别	应用领域	特点
SM₁	对称（分组）加密算法	芯片	分组长度、密钥长度均为128比特
SM₂	非对称（基于椭圆曲线 ECC）加密算法	数据加密	ECC椭圆曲线密码机制256位，相比RSA处理速度快，消耗更少
SM₃	散列（hash）函数算法	完整性校验	安全性及效率与SHA-256相当，压缩函数更复杂
SM₄	对称（分组）加密算法	数据加密和局域网产品	分组长度、密钥长度均为128比特，计算轮数多
SM₇	对称（分组）加密算法	非接触式IC卡	分组长度、密钥长度均为128比特
SM₉	标识加密算法（IBE）	端对端离线安全通信	加密强度等同于3072位密钥的RSA加密算法
ZUC	对称（序列）加密算法	移动通信4G网络	流密码

以SM₂加密算法为例。该算法具体步骤如下：

（1）用随机数发生器生成随机数$k, 0 < k < n$。

（2）计算椭圆曲线上的点$C_1 = [k]G$。

（3）计算椭圆曲线点$S = [h]P_B$，若S为无穷远点则报错并退出，h为余因子，这里取为1。

（4）计算椭圆曲线上的点$[k]P_B = (x_2, y_2)$。

（5）计算$t = \text{KDF}(x_2 \| y_2, \text{len})$，若$t$全为0则返回1。

（6）计算$C_2 = M \oplus t$，M为明文字符串。

（7）计算$C_3 = \text{SM}_3(x_2 \| M \| y_2)$。

（8）计算密文 $C = C_1 \| C_2 \| C_3$。

SM_2 解密算法步骤如下：

（1）从密文中取出 C_1 验证其是否满足椭圆曲线方程，若不满足则报错并退出。

（2）计算 $S = [h]C_1$，若 S 为无穷远点则报错并退出。

（3）计算 $[d_B]C_1 = (x_2, y_2)$。

（4）计算 $t = \text{KDF}(x_2, y_2, \text{len})$。

（5）从 C 中取出 C_2 计算 $m = C_2 \oplus t$。

（6）计算 $u = \text{SM}_3(x_2 \| m \| y_2)$，若 u 与 C_3 不相等，则报错并退出。

（7）输出明文 m。

2.3.4　基于数据加密标准的 R 树矢量地理数据加密方法

R 树采用数据加密标准（DES）分组加密算法进行加密，以结点为单位进行加密，并采用"重叠"的加密方式。这种方式能够使长度为 L 的明文在加密后得到与之等长的密文，其中 L 不一定为 64 位的整数倍。举例来说，当明文长度为 11 个字节时，可以采用 DES 算法进行加密，此时可以采用"重叠"方式将明文分为 3 个字节和 8 个字节两部分进行加密，最终得到的密文与明文等长。"重叠"加密方式示意图如图 2-7 所示。

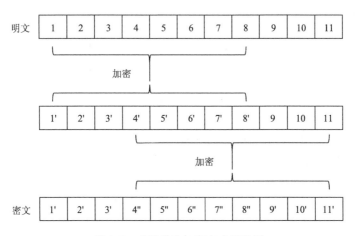

图 2-7　"重叠"加密方式示意图

该加密方式将 R 树的结点以结点为单位进行 DES 分组加密，首先将明文的第一个分组（1 Byte～8 Byte）加密得到密文的第一个分组（1'Byte～8'Byte），然后将明文剩下的 3 Byte（9 Byte～11 Byte）与前一个分组的密文中尾部的 5 Byte（4'Byte～8'Byte）合并成一个新的分组进行加密，得到最终的密文（1'Byte～3'Byte、4"Byte～8"Byte、9'Byte～11'Byte）。这种加密方式的解密过程为加密的逆过程。

不论结点长度为多少，加密后得到的密文长度都与明文长度相等。

2.4 地理信息现代加密技术

2.4.1 选择性加密

选择性加密技术作为一种新的数据加密方法，在平衡安全性和加密效率的同时，以较低的加密成本提供更好的加密结果，是目前信息安全领域最重要的研究领域之一。目前，通过将该技术的特点与数据压缩和转换领域的特性相结合，实现对数据安全敏感的参数进行加密，已经取得了相对广泛的研究成果。

选择性加密技术用于加密对数据敏感部分和对安全性有重大影响的部分。因为所选加密数据数量较少，所以加密效率显著提高，而且灵敏度和加密数据重要部分的安全性得以提高，加密的安全性也得到了保障，其技术原理如图2-8所示。因此，选择性加密可以以较低的加密时间成本获得更好的数据加密结果，同时顾及到加密的安全性和有效性。

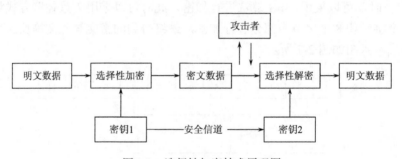

图2-8 选择性加密技术原理图

目前，选择性加密的研究主要集中在图像、音频和视频等多媒体领域。要研究的主要问题是要加密的数据部分r的选择和r大小的确定，以确保加密的安全性。加密部分r的选择取决于应用场景和加密数据的数据格式，r的大小直接影响算法的安全性和效率。随着r的增加，加密安全性会提高，但它会通过增加数据加密和解密的开销而降低系统效率；相反，当减少选择时，可以实现更高的加密和解密效率，但成本是加密安全性的降低。同时，因为选择性加密技术只对部分数据进行加密，仍有一些数据在进行选择性加密操作后未加密，攻击者通常可以从未加密的部分推导加密的数据内容，使选择性加密技术容易受到推测性明文攻击。所以，选择性加密技术应该研究的首要问题是正确选择r，以确保加密数据的安全性和加密解密的有效性。

此外，目前选择性加密技术的普遍重要性主要包括两个层面：第一层是感知加密，通常将数据内容分为两部分，第一部分是未加密的数据的公共部分，以便所有用户都可以访问它；第二部分是受保护的部分，它经过加密，只有经过授权的用户才能访问它。如何定义公共访问和受保护部分取决于特定的应用场景，例如，视频点播和数据库浏览需要用户对数据实现不同程度的视觉效果减弱，以鼓励用户购买数据，因此用户必须为数据的加密内容付费。第二层是部分加密或选择性加密，通过选择部分数据函数或部分地理元素进行加密，但可以改变矢量地理数据之间的整体映射和拓扑关系，以平衡数据加密和解密的效率和安全性。

2.4.2　同态加密

同态加密是一种公钥加密方式，其加密和解密过程使用不同的密钥。同态加密可以以 M 和 C 表示明文和密文空间，K 是密钥空间，E 是加密算法，D 是解密算法。加密算法 E 是从 M 到 C 的映射可以表示为 $E_k : M \to C, k \in K$，式中，k 为密钥。同态加密的特点是可以在密文域上进行加法和乘法运算，分别表示为 $C_1 +$ C_2 和 $C_1 \times C_2$，其中 C_1 和 C_2 是密文。同态加密的安全性依赖于复杂困难数学问题。对于加解密操作，如果满足：

$$D\big(E(a) \oplus E(b)\big) = a + b \tag{2-12}$$

则该加密方案满足乘法同态，如图 2-9 所示。若满足：

$$D\big(E(a) \oplus E(b)\big) = a \times b \tag{2-13}$$

则该加密方案满足加法同态，如图 2-10 所示。

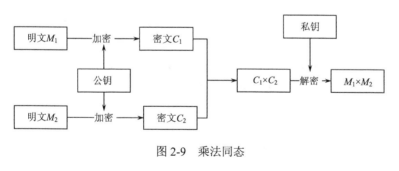

图 2-9　乘法同态

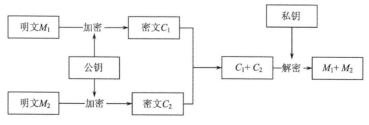

图 2-10　加法同态

　　公钥加密体制的典型特征是具有同态加密，这是一种对密文数据进行实时操作，并且操作仍然可以正确解密，密文明文能够同步的特征。常用的公钥密码体制一般都具有同态性，如 RSA 算法、ElGamal 算法和 Paillier 算法等。下面以 Paillier 算法为例介绍同态加密过程。

　　Paillier 算法由 Pascal Paillier 在 1999 年提出，相同的明文经过不同的加密过程得到不同的密文，保证了语义安全。Paillier 算法包括密钥生成、加密算法和解密算法三个重要部分。

1. 密钥生成

　　可以随机生成 p 和 q，计算两个素数的乘积 $N = p \times q$，以及 $p-1$ 和 $q-1$ 的最小公倍数，$\lambda = \mathrm{lcm}(p-1, q-1)$，$\mathrm{lcm}(a,b)$ 表示求 a 和 b 的最小公倍数。

　　随机选取整数 g，且 $g \in Z_{N^2}^*$，除此之外，g 需要满足：

$$\gcd\left[L\left(g^\lambda \bmod N^2\right), N \right] = 1 \tag{2-14}$$

式中，函数 $\gcd$ 为返回两个整数的最大公约数；函数 $L(x) = \dfrac{x-1}{N}$；Z_{N^2} 为小于 N^2 的整数集合；$Z_{N^2}^*$ 为 Z_{N^2} 中与 N^2 互质的整数集合。则公钥为 (N, g)，私钥为 λ。

2. 加密算法

　　设明文信息为 m，且 m 满足 $m \in Z_N$，随机取整数 $r \in Z_N^*$，则明文 m 的加密过程可表示为

$$c = E(m) = g^m \times r^n \bmod N^2 \tag{2-15}$$

由式（2-15）可知，Paillier 密码系统得到的密文 $c \in Z_{N^2}^*$，Paillier 算法在加密过程中引入了随机整数，因此对于相同的明文，使用相同的公钥进行加密可能会得到不同的密文。然而，该算法保证了解密后对密文的还原。

3. 解密算法

　　利用私钥对密文 c 进行解密，解密过程可表示为

$$m = \frac{L\left(c^\lambda \bmod N^2\right)}{L\left(g^\lambda \bmod N^2\right)} \bmod N \tag{2-16}$$

　　在 Paillier 算法中，设明文 $m_1, m_2 \in Z_N$，则存在：

$$E(m_1) \times E(m_2) = \left(g^{m_1} r_1^N\right) \times \left(g^{m_2} r_2^N\right) \bmod N^2 = g^{m_1+m_2} \times (r_1 r_2)^N \bmod N^2 = E(m_1 + m_2)$$

$$\tag{2-17}$$

同态加密有三种类型：完全同态加密（fully homomorphic encryption，FHE）、部分同态加密（partially homomorphic encryption，PHE）和加性同态加密（additive homomorphic encryption，AHE）。FHE 可以进行无限次数的任意同态操作，可以同态计算任意的函数。PHE 允许某一操作被执行无限次，例如，某个算法可能是加法同态的，它可以对两个密文进行相加得到与加密的明文之和相同的结果。AHE 可以对密文进行有限次数的任意操作，但是某些同态加密算法超过五次操作就会产生无效的结果。

2.4.3　基于同态加密的遥感影像加密算法

本小节介绍一个同态加密技术应用于遥感影像数据的算法实例，该算法的基本思路是对图像进行分块，然后利用 Hilbert 曲线对每个分块内的像素进行编码和重组，最后使用同态加密得到每个分块的密文。基于同态加密的遥感影像加密算法流程图如图 2-11 所示。

具体的遥感影像加密算法步骤如下：

（1）读取原始数据 D 并分块，得到分块集合 DArray。

（2）给定密钥 K，生成 Hilbert 曲线 H。

（3）根据规则对 DArray 中像元值重组编码得到 RBitArray。

（4）基于 Paillier 密码系统，加密重组编码集合 RBitArray，得到相应组的密文数值集合 ERBitArray。加密公式为

$$\mathrm{erb}_i = E(\mathrm{rb}_i, N, g) \tag{2-18}$$

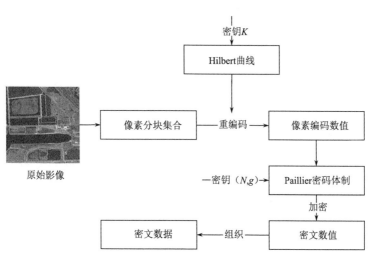

图 2-11　基于同态加密的遥感影像加密算法流程图

式中，$erb_i \in ERBitArray$，$i \in [0, L]$；L 为 ERBitArray 中的元素个数，与 RBitArray 中的个数相同。

（5）对 ERBitArray 中的元素 erb_i 进行组织得到密文数据。

解密算法与加密算法互为逆过程，区别在于解密时使用私钥对密文进行解密，具体解密过程可参照加密过程，这里不再赘述。

第3章　数字水印技术

数字水印技术是一种将版权信息嵌入数字媒体（如图像、音频、视频）中的技术，该技术被广泛应用于版权保护、泄密追责、数据使用跟踪、数据完整性认证等场景。本章对数字水印技术的相关基础知识进行论述，重点介绍数字水印技术在地理数据上的应用，包括针对地理数据的数字水印生成技术、水印嵌入技术、水印提取技术，针对地理数据的水印攻击方法和算法评价方法。

3.1　数字水印技术的基本概念

3.1.1　数字水印技术相关概念

提到水印，大家往往会联想到钞票中的纸张水印，该水印是在纸质纤维中嵌入的标志，用作鉴别、防伪等。数字水印与纸张水印的概念有相似之处。数字水印通常是在数字化的信息载体中嵌入水印标记，被嵌入的信息可以是版权标识、序列号、文字等，可以用来证明数字数据的来源、版权、合法使用者等。数字水印技术的研究于 20 世纪 90 年代受到重视并蓬勃发展，初期的研究是为了数字作品的版权保护。

对于数字水印的定义，Cox 等（1999）将"水印"定义为"不可感知的在作品中嵌入信息的操作行为"；陈时奇等（2001）认为"数字水印技术是永久镶嵌在其他数据（宿主数据）中具有鉴别性的数字信号或模式，而且不影响宿主数据的可用性"。通常，大多数的数字水印技术可以概括为：利用数学计算方法将具有可鉴别性的数字信息嵌入其他信息中的技术。其中，所嵌入的信息称为水印信息，被嵌入水印的信息称为宿主数据。这种水印通常是不可见或不可察觉的，并与原始数据紧密结合，成为宿主数据不可分割的一部分，且可以在宿主数据经历一些操作修改后仍能保存下来。若发生版权纠纷，可以通过相应的算法提取出水印信息，从而验证宿主数据的版权归属。

信息化时代，各种形式的数字作品在网上发表，数字水印技术作为版权保护的有效方法，得到了高度重视和发展。随着国内外大量学者的不断探索和创新，数字水印技术体系也得以不断丰富与完善。目前，随着越来越多类型的数字水印技术的提出，数字水印技术不只应用于版权保护，还广泛应用于数据使用跟踪、数据完整性认证、隐蔽通信等。

3.1.2　数字水印技术的主要特性

不同应用场景下,对数字水印技术特性的要求也不同。一般来说,数字水印技术应具有以下特性。

1. 不可感知性

不可感知性指水印是不易察觉,即宿主数据因嵌入水印导致的变化对观察者来说应是不可察觉的。对于图像数字水印而言,理想状态下,嵌入水印后的图像与原始图像在视觉上是一模一样的。同样,对于音频水印而言,水印嵌入前后,在听觉上不应有差异。

对于在水印嵌入后,还可能经历特定操作的数据,不可感知性也指在数据的正常使用过程中,水印信息不会被察觉,且水印信息不会影响数据的正常使用。例如,地理信息数据在水印嵌入后,不能影响数据的地理学分析使用与操作。

2. 鲁棒性

鲁棒性是数字水印最重要的一个特性,是指嵌入后的载体数据在经历多种有意或无意的信号处理过程后,水印仍能保持完整或仍能被准确鉴别。以图像水印为例,常见的图像处理攻击有噪声干扰、有损压缩、旋转、裁剪、缩放、滤波、扫描等。

通常,对数字水印算法鲁棒性的要求是,只要攻击不破坏宿主数据的使用价值,水印信息就应该能保存下来。实际上,很难设计一种方法能够保证对所有可能的攻击都具有鲁棒性。所以,很多算法的鲁棒性都是针对某些特定的应用场景而设计的。

3. 水印容量

水印容量通常指宿主数据中单位数据所能承载的水印信息的比特数。以图像水印技术为例,一幅图像所能嵌入的最大水印信息比特数除以该幅图像的像素数,即图像单个像素所能承载的水印信息比特数。根据应用场景不同,算法应该具有适当的水印容量以满足使用需求。

通常一个鲁棒水印技术,其算法的鲁棒性、不可感知性、水印容量呈相互制约的关系,如图 3-1 所示。

4. 可证明性

水印应当能为受到版权保护的宿主数据归属提供完全可靠的证据。在需要的时候,水印检测与提取算法能够识别并提取嵌入在宿主数据中的版权信息[如产品

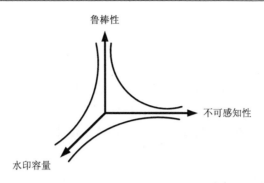

图 3-1　鲁棒水印技术特性

标志、用户身份标识码（identity document，ID）或有意义的文字等]，这些信息能够被用来唯一地、确定地鉴别数据的版权。

5. 安全性

安全性是指嵌入的水印信息不会被非法用户恶意篡改。安全性一般通过引入密钥来解决，即将初始的水印信息加密后嵌入特定的位置中。安全的水印算法应该是在不知道密钥的情况下，即使非法用户知道水印嵌入与提取算法也不能正确恢复水印信息。

6. 计算复杂度

计算复杂度是指嵌入算法与提取算法所需要消耗的时间资源与内存资源等。

3.1.3　数字水印技术的分类

数字水印技术的分类方法有很多种，几种常见的分类如图 3-2 所示。

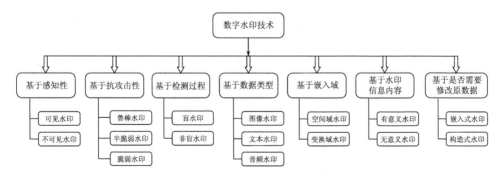

图 3-2　数字水印技术分类

1. 按水印的感知性划分

按水印的感知性可以分为可见水印和不可见水印。可见水印主要目的是明确版权标识，常见的如各网站图片上的网站标志（logo）、便携文件格式（portable document format，PDF）文档中的可见水印、印刷品上的标识符号等。不可见水印，是指隐藏于宿主数据中需要通过水印检测与提取算法才能够恢复的水印。通常研究的数字水印算法均为不可见水印。

2. 按水印的抗攻击性划分

按水印的抗攻击性可以分为鲁棒水印、脆弱水印和半脆弱水印。

鲁棒水印技术是一种抗攻击的水印技术，是指嵌入的水印能够经过各种信号处理攻击后还能保存下来，并正确恢复原始水印信息，主要用于版权保护。以图像水印技术为例，图像水印算法通常需要对常规图像处理如旋转、裁剪、缩放、有损压缩等非恶意攻击具有鲁棒性，根据应用场景不同，有时还需要对打印、拍摄等恶意攻击具有鲁棒性。

脆弱水印与鲁棒水印的要求相反，指的是嵌入的水印对改动很敏感，一旦宿主信号发生改变，水印信息也会被改变。脆弱水印技术主要用于完整性认证。如果宿主数据被恶意篡改，数据使用者可以通过脆弱水印的状态判断数据是否被篡改过，而不需要去跟原始数据进行对比。

半脆弱水印技术的思想是对非恶意的信号处理具有鲁棒性，而对恶意攻击具有脆弱性。半脆弱水印与脆弱水印的应用区别主要是宿主数据可接受的变化程度不同，一般用于选择性认证。

3. 按水印检测过程划分

依据水印检测与提取过程中是否需要使用原始数据或其他提取记录的数据，可以将数字水印技术划分为盲水印和非盲水印。例如，图 3-3 水印提取过程中，如果用到宿主数据或原始水印信息，则称为非盲水印算法；如果只需要待检测的

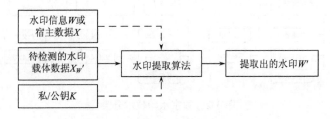

图 3-3　水印提取过程

水印载体数据便可以提取水印信息，则称为盲水印算法。通常，非盲水印算法的鲁棒性更好，但需要原始数据才能进行水印提取，导致实用性和普适性降低。目前的研究主要集中在盲水印算法。

4. 按宿主数据类型划分

按照宿主数据的类型不同，可以将水印技术划分为图像水印、地理信息水印、音频水印、视频水印、文本水印等。在地理信息水印领域中，依据不同的地理数据，也将其划分为遥感影像水印、矢量数据水印、三维地理数据水印、瓦片数据水印等。

5. 按水印嵌入域划分

按水印嵌入域可以分为空间域水印和变换域水印。

空间域水印指将水印信号直接叠加在宿主数据信号上。以图像水印为例，直接在图像像素中或者灰度/亮度域中嵌入水印信息，均称为空间域图像水印算法。最经典的空间域水印算法是最低有效位（least significant bit，LSB）算法，是通过修改信号的 LSB 进行水印信号的嵌入。

变换域水印也称为频率域水印，即将图像经过某种变换后，在变换后的系数中嵌入水印信息。该类算法的思路是利用某些变换域系数对特定攻击的稳定性，以此提高算法鲁棒性。早年最多使用的频率域变换有离散傅里叶变换（discrete Fourier transform，DFT）、离散余弦变换（discrete cosine transform，DCT）和离散小波变换（discrete wavelet transform，DWT）。通过对信号进行上述变换之后，选择一部分系数作为水印载体。随着水印技术的不断发展，各种信号变换的方法被用于水印算法的设计，目前常用的其他信号变换方法有奇异值分解（singular value decomposition，SVD）、四元数傅里叶变换（quaternion Fourier transform，QFT）、轮廓波（Contourlet）变换，以及多种变换方法的组合等。

6. 按水印信息的内容划分

按嵌入的水印信息的内容可以划分为有意义水印和无意义水印。有意义水印指水印信息本身可能是一幅数字图像（如商标 logo）、一段有意义的文字或宿主图像的某些特征描述。有意义水印在被攻击后，仍可以通过判读提取出的水印信息来确认是否有水印。

无意义水印可能是一段随机的序列号。无意义水印在受到攻击后，需要通过统计决策，如误码率、相似度等，来确定是否有水印存在。

7. 按水印算法是否需要修改原始数据划分

根据水印算法是否需要修改原始数据，可以将水印划分为嵌入式水印和构造式水印。嵌入式水印是将数字信息嵌入到数字媒体（如图像、音频和视频）中的数字水印技术。构造式水印又称为零水印，是利用原始数据自身特征以构造的方式生成水印，将构造的水印储存于第三方权威机构或区块链。水印检测时，通过再次构造水印信息并与存储的水印进行对比，以判断待检测数据的版权归属。

3.1.4　数字水印技术的基本模型

1. 嵌入式数字水印模型

嵌入式水印模型一般包括三个部分：水印生成、水印嵌入、水印检测和提取。

1）水印生成

原始的水印信息往往是一个版权标识、有意义的文字、伪随机序列或一些信息的组合等，这些信息需要进一步的变换为二值序列以适应水印嵌入算法。为了保证水印检测的准确性与成功率，通常还会对水印信息进行扩频、纠错编码等。

2）水印嵌入

水印嵌入过程中，通过嵌入算法将水印信息加在原始图像上，生成含水印图像。水印嵌入过程如图 3-4 所示。

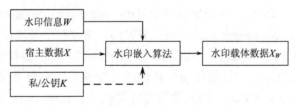

图 3-4　水印嵌入过程

图 3-4 中，宿主数据为 X，生成的水印信息为 W，密钥为 K，虚线表示依算法而定是否必要，则水印嵌入可表示为

$$X_W = F(X, W, K) \tag{3-1}$$

式中，F 为水印嵌入算法。

常用的水印嵌入方法有加性法则、乘性法则、量化调制、关系调制。其中，加性法则和乘性法则的嵌入方法表示为

$$x_w(k) = x_0(k) + \alpha \cdot W(k) \qquad （加性法则）\tag{3-2}$$

$$x_w(k) = x_0(k)\left[1 + \alpha \cdot W(k)\right] \qquad （乘性法则）\tag{3-3}$$

式中，x_0 为水印载体的幅值；α 为水印嵌入强度；x_w 为嵌入水印后水印载体的幅值；$W(k)$ 为第 k 位水印信息值。例如，在图像水印技术中，x_0 指的可以是单个像素的像素值，也可以是变换域的某个系数。

量化调制指的是将 x_0 的值量化到不同的量化区间，检测时根据 x_w 所属于的量化区间来提取水印信息。例如，图像水印技术中使用奇偶量化进行水印嵌入，算法表示为

$$\begin{cases} \text{将} x_0(k) \text{修改为偶数得到} x_w(k) & \text{if } W(k)=0 \\ \text{将} x_0(k) \text{修改为奇数得到} x_w(k) & \text{if } W(k)=1 \end{cases} \tag{3-4}$$

关系调制指的是修改载体数据中两个系数之间的大小关系实现水印嵌入，提取时通过判断该两个系数的关系进行水印提取。关系调制通常是调制载体数据的变换域系数。例如，假设两个系数 x_a 和 x_b，实现水印嵌入的算法表示为

$$\begin{cases} \text{修改} x_a \text{和} x_b \text{的幅值使得} x_a > x_b & \text{if } W(k)=0 \\ \text{修改} x_a \text{和} x_b \text{的幅值使得} x_a < x_b & \text{if } W(k)=1 \end{cases} \tag{3-5}$$

3）水印检测和提取

水印检测指判断水印是否存在于宿主数据，有时检测的是嵌入的无意义的伪随机序列，当然也可以直接通过水印提取结果来判断是否有水印。水印提取是水印嵌入的逆过程，指从宿主数据中恢复水印信息的过程。水印提取过程如图 3-3 所示。

水印提取可表示为

$$W' = \delta(X_W', K) \tag{3-6}$$

式中，X_W' 为遭受攻击后的有水印的宿主图像；$\delta(\bullet)$ 为水印提取函数；K 为水印密钥；W' 为提取出的水印信息。

可以通过判断 W' 和 W 之间的误码率或者相关性来确认水印是否存在，若原始水印信息经过变换，可通过对 W' 进行逆变换来恢复出原始水印信息。

2. 构造式水印模型

构造式水印模型的流程包括：水印构造、水印存证和水印校验。构造式水印模型基本流程如图 3-5 所示。

基于公式 $W_Z = F_Z(X)$，通过设计的水印构造函数 $F_Z(\bullet)$ 基于原始数据 X 构造出零水印 W_Z，并保存于第三方权威机构或上传区块链。零水印取证时，基于同样的公式 $W_Z' = F_Z(X')$，从存疑数据 X' 中构造出 W_Z'，并对比 W_Z 与 W_Z'，以此判断数据是否侵权。

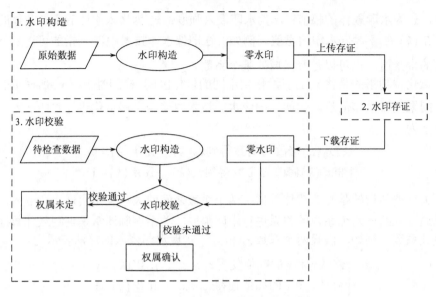

图 3-5 构造式水印模型基本流程

3.1.5 数字水印技术的作用

数字水印技术最初应用于版权保护，随着技术的不断发展、成熟，数字水印技术被推广到更多的应用领域。数字水印技术的主要作用包括以下几点。

1. 版权保护

版权保护是数字水印技术的重要应用领域之一。通常将版权信息基于密钥加密后嵌入宿主数据，当发现有可疑产品流通时，通过水印检测和提取来判读数据中是否有版权水印，以验证数字产品的版权，保护所有者的权益。

2. 泄密追溯

泄密追溯通过将数据使用者信息、访问数据的时间、访问数据所使用的设备IP等作为水印信息嵌入，当发现泄密的数据时，可以从数据中提取上述信息，从而对泄密的行为进行追溯。类似的应用场景还有数据使用追踪、信息取证等。

3. 完整性验证

完整性验证主要基于脆弱水印技术，用来判断数据的真实性和完整性，常见于法庭、医学、新闻、军事等领域。通过验证脆弱水印的完整性来判断数据是否被修改。部分算法还可以对篡改的部分进行定位。

4.　使用控制

使用控制是指在访问控制系统中加入水印检测器，访问控制过程中根据数据中的水印来决定数据能够接受的操作，即通过水印来告知访问控制系统该数据的访问权限，例如，能否被拷贝、修改等。

5. 隐秘信息传递

隐秘信息传递是信息隐藏的传统功能。相比将信息隐藏在数据的头文件、注释或索引中，水印将信息隐藏在数据内容中隐蔽性会更好。

3.2　水印信息生成

根据使用场景不同，算法所选用的原始水印信息及其处理方式也需要有针对性。

鲁棒水印算法中，通常会选择标识版权的 logo 图像、一段有明确意义的文字，或者身份编号、时间、IP 地址的组合作为初始信息。为了确保水印的鲁棒性和提取的成功率，会将原始水印信息进行扩频、纠错编码、加密等生成待嵌入的水印信息序列。

脆弱水印算法中，通常会选择数据本身的 hash 值、生成的随机序列、某种图案作为水印信息，部分具有篡改恢复能力的脆弱水印算法会选择用于认证的信息和用于篡改恢复的信息组合作为水印信息。脆弱水印中，水印信息设定后不需要进一步的编码。

零水印算法属于构造式水印，与嵌入式不同。零水印直接将原始数据的特征以构造的方式生成水印信息，其关键在于构造的水印信息具有唯一性，不同数据所构造的零水印需确保是不同的。

下文将展开讲述几种常见的水印生成方法。

3.2.1　鲁棒水印信息生成方法

1. 基于置乱的水印生成

若水印信息采用版权 logo 图案，通常使用置乱技术对水印进行预处理，将图案变成噪声图。人类视觉对纹理具有较高的敏感性，因此水印信号不能构成纹理，应该具有不可预测的随机性，如噪声图像。

图像置乱算法有很多，较多使用的有"猫脸"变换（Arnold's Cat Map）变换。该变换将图像中坐标为 (x, y) 的点通过式（3-7）变换至 (x', y') 位置。

$$\begin{pmatrix} x' \\ y' \end{pmatrix} = \begin{pmatrix} 1 & 1 \\ 1 & 2 \end{pmatrix} \cdot \begin{pmatrix} x \\ y \end{pmatrix} \mod 1 \qquad (3\text{-}7)$$

Arnold 变换是一种点的位移，这种变换是一一对应的，且变换具有周期性，如图 3-6 所示。图 3-6（a）为原始水印图案，图 3-6（b）（c）（d）为多次置乱后的结果。

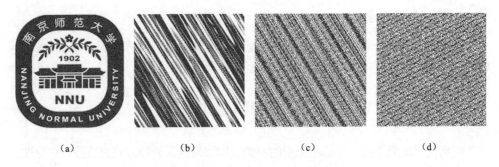

　　（a）　　　　　　　（b）　　　　　　　（c）　　　　　　　（d）

图 3-6　logo 图案的 Arnold 置乱结果

将置乱后的二值图像以二值矩阵的形式作为待嵌入的水印信息。

2. 基于混沌序列的水印生成

混沌是非线性系统所特有的一种复杂状态，使用混沌序列作为水印信息一方面可以提高水印的安全性，另一方面混沌序列易于生成且可根据需要生成相应长度，便于使用。

同样地，混沌映射方法也有很多，常用的一维混沌映射如逻辑斯蒂（logistic）映射。logistic 映射表达为

$$X_{n+1} = u \cdot X_n \cdot (1 - X_n) \qquad (3\text{-}8)$$

式中，u 为初始参数。当给定的 $X_n \in (0,1)$，$u \in (3.5699456, 4)$ 时，logistic 映射是混沌的。即当初始值不同时，生成的序列之间的相关性近似为零。

初始设定的 X_0 和 u 可以作为密钥，基于此生成特定长度的混沌序列，将其二值化后作为待嵌入的二值水印序列。

3. 基于纠错编码的水印生成

若原始水印信息为一段文字、用户编号、时间、IP 地址等的组合，通常为了保证水印恢复的准确性，需要将这些信息进行纠错编码。常用的纠错码有 BCH（Bose Chaudhuri Hocquenghem）码、汉明码、快速响应（quick response，QR）码等。

　　以 QR 码为例，首先将原始信息生成 QR 码，如图 3-7 所示。水印生成使用的是 QR 码的纠错性，而不需要 QR 码中固定模板提供的定位功能。因此，再将 QR 码中的编码部分提取，并基于设定的顺序将黑白格记录 0/1 值，生成待嵌入的二值水印序列。

固定模板

编码区域

图 3-7　QR 码架构

3.2.2　脆弱水印信息生成方法

　　脆弱水印使用的水印信息，也可使用基于混沌序列的水印生成方法，或直接使用标识图案作为水印信息。除此之外，有一种较为典型的是基于 hash 的水印生成方法。

　　哈希函数（hash function），也被称为单向散列函数，它可以把任意长度的输入变换成固定长度的输出，常用的有 MD_X 系列和 SHA 系列的生成算法。同一个文件生成的 hash 值是固定的，若文件发生改动，生成的 hash 值则会不同。基于宿主数据计算对应的 hash 值，并使用其作为脆弱水印信息，既可以用于完整性认证，也可以用于篡改定位。

3.2.3　零水印的构造方法

　　零水印是对需要保护的数据构造出独一无二的零水印信息，数据的变动会造成无法再构造出一样的零水印信息，其思路与哈希函数具有相似之处。但零水印并不等同于脆弱水印，需要考虑数据的合法使用对数据的改变。所设计的零水印信息的鲁棒性和脆弱性需要依据使用场景而定。

　　零水印在构造时，通常使用设计好的特征提取算法，提取数据的特征矩阵或生成特征值序列，同时结合一些版权信息，共同构造成零水印。一个简单的矢量地理数据零水印构造过程如图 3-8 所示。

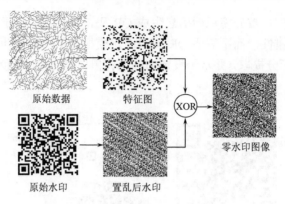

图 3-8　零水印构造过程

3.3　遥感影像数据的水印嵌入与提取

遥感影像数据的水印嵌入首先考虑嵌入域和水印载体，其次要考虑水印嵌入的信号调制方法，最后水印提取通常是水印嵌入的逆过程。随着地理空间数据水印技术的不断发展，相关算法已经非常丰富。

3.3.1　嵌入域的选择与构建

水印嵌入域可以分为空间域和变换域。当前关于各类变换域水印算法的研究很多，其思路是借助变换域系数在某些特定攻击下仍具有稳定性的特性来提高算法鲁棒性。部分算法可能是多域的，即水印会嵌入多个变换域中。本节主要介绍常用的空间域、DFT 域、DCT 域、DWT 域。

1. 空间域

空间域即直接使用像素或者灰度、亮度值作为水印载体。通常为了提高容错率，确保水印恢复的准确性，会在一幅遥感影像中多次重复嵌入水印信息。为了实现多次重复嵌入，常用的思路有分块嵌入、构造多个局部特征区域嵌入和基于映射规则嵌入。

（1）分块嵌入。例如，将图 3-9（a）的原始遥感影像，按设定的分块大小进行分块，如图 3-9（b）所示。每个分块中都将嵌入一个完整的水印信息，水印提取时只需要恢复出一个完整的水印即可。

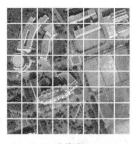

(a) 原始遥感影像　　　　(b) 分块嵌入　　　　(c) 指定多个局部特征区域嵌入

图 3-9　多次重复嵌入思路

（2）构造多个局部特征区域（local feature region, LFR）嵌入。通常基于特征算子提取稳定的特征点，并以特征点为中心构造局部特征区域，如图 3-9（c）所示。常用的局部特征算子有 Harris、Harris-Laplace、尺度不变特征转换（scale-invariant feature transform, SIFT）、稳定特征加速（speeded-up robust features, SURF）等。然后，在每一个 LFR 中嵌入一个完整的水印信息。

（3）基于映射规则嵌入。例如，基于混沌映射建立原始数据中坐标（x,y）的像素与第 i 位水印信息直接的映射，则将第 i 位的水印信息嵌入坐标（x,y）的像素中，保证每一位水印信息都能映射到多个像素位。

例如，对多波段的遥感影像数据，可以基于其中两个波段坐标（x,y）的像素值 a 和 b，建立 $\text{index} = f_{\text{map}}(a,b)$，从而决定另一波段中坐标（$x,y$）的像素值 c 应该嵌入水印序列中的对应位置。

2. DFT 域

傅里叶变换是信号分析的一种基本方法。DFT 是一种正交变换，DFT 可以将单波段的遥感影像沿不同方向解析成不同频率、不同振幅和不同相位的波形，生成相位谱和振幅谱，如图 3-10 所示。

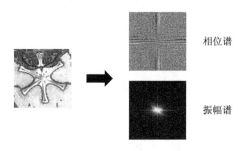

相位谱

振幅谱

图 3-10　单波段遥感影像 DFT

　　根据 DFT 变换的性质，矩阵值的平移只会改变 DFT 序列元素的位置，旋转只改变 DFT 的相位，缩放只改变 DFT 的振幅值。由于 DFT 域具有的这些几何性质，使得 DFT 域成为抗几何攻击的鲁棒水印的嵌入载体。

　　基于 DFT 域系数作为水印信息载体的方法，因为高频系数稳定性较差，低频系数的调制对图像视觉效果影像较大，所以较多的学者选择振幅谱的中低频系数作为水印载体。作为水印载体的系数选择方法是自己设定的，如图 3-11 所示，在中频部分的同一半径处，根据水印信息长度，选择一组系数作为水印载体。

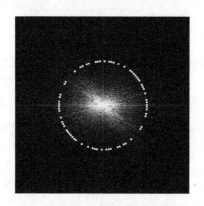

图 3-11　DFT 域的水印嵌入示意图

3. DCT 域

　　DCT 将图像分成由不同频率组成的小块，然后进行量化。在量化过程中，舍弃高频分量，剩下的低频分量保存下来用于后面的图像重建。DCT 域广泛使用于图像压缩，常作为抗有损压缩的鲁棒水印载体。

　　基于 DCT 域的水印算法通常将图像进行分块，一般划分为 8×8 或 16×16 的小块作为基础单元，然后通过调制各个分块中选定的 DCT 系数进行水印嵌入。一个 8×8 分块进行 DCT 变换后，其 DCT 系数如图 3-12 所示。现有的研究中，嵌入算法可以分为两类：一类选择分块 DCT 的直流（direct current，DC）系数作为水印信息载体；另一类选择分块 DCT 的交流（alternating current，AC）系数中的中频或中高频系数作为水印信息载体。例如，可以将一幅图像划分大量的 8×8 分块，每个分块选择 1 个或 2 个 AC 中低频系数，生成待嵌入水印的系数序列。

4. DWT 域

　　小波分析因具有多尺度分析、时频分析、金字塔算法等特征，是空间数据处理和分析的重要工具。

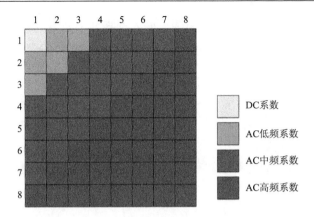

图 3-12　8×8 分块的 DCT 系数

基于 DWT 域系数直接作为水印信息载体的算法，通常先将图像进行多层小波分解。一层小波分解的示意图如图 3-13（a）所示，其中 LL 表示低频带，也称为近似信号。HL、LH 和 HH 表示高频带，分别表示水平方向的细节分量、垂直方向的细节分量和对角方向的细节分量。单波段遥感影像一层小波分解的分解结果如图 3-13 （b）所示。因为低频子图像 LL 中包含了图像的大部分能量，对 LL 图像中的值进行修改很容易被察觉，所以通常选择高频系数作为水印信息载体。也有学者考虑到低频系数的稳定性，将水印分别嵌入低频和高频中的部分系数中。DWT 域水印算法的一个优势是，DWT 变换生成的各级子图像与载体图像在空间域和频率域均存在对应关系。

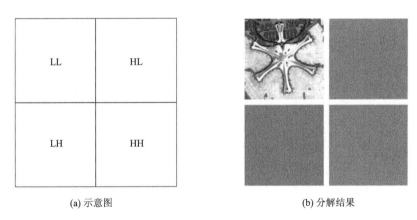

(a) 示意图　　　　　　　　　　　　　　(b) 分解结果

图 3-13　一层小波分解

3.3.2　水印嵌入

嵌入域通常都可以表示为矩阵或向量，相应地，生成的水印信息也是矩阵或

向量。水印嵌入就是把水印序列/矩阵，嵌入选择并构建好的水印载体序列/矩阵中。例如，将二值水印序列 $W = \{w(i)|\ w(i) \in \{0,1\}, i = 0, \cdots, l-1\}$（$l$ 为水印信息长度），嵌入水印载体 $C = \{C_1, C_2, \cdots, C_j\}$（$C_j$ 为嵌入一个完整水印的部分，C_j 可以为构建出来的某个分块、某个映射集合等），最终得到嵌入水印后的 $C_W = \{C_{w\_1}, C_{w\_2}, \cdots, C_{w\_j}\}$，其中 $C_{w\_j} = \{x_w(i), i = 0, \cdots, l-1\}$，并用其替换原数据中的像素或变换域系数。

单个水印位嵌入的思路通常有：位替换、加性/乘性法则、量化、基于系数间关系等。

1. 位替换

例如，可以选择最低有效位组成 C，此时，$C_j = \{x(i), i = 0, \cdots, l-1\}$，位替换公式为

$$\begin{cases} x_w(i) = 1 & w(i) = 1 \\ x_w(i) = 0 & w(i) = 0 \end{cases} \tag{3-9}$$

直接将待嵌入的水印位 $x(i)$ 的值调制为对应第 i 个水印比特的值，得到 $x_w(i)$，实现水印嵌入。

2. 加性/乘性法则

例如，可以选择某个变换域中筛选的系数组成 C，使用加性法则的嵌入公式为

$$x_w(i) = x(i) + \alpha \cdot w(i) \tag{3-10}$$

式中，α 可以理解为嵌入强度，作为一种平衡算法鲁棒性和不可感知性的系数。乘性法则同理。

3. 量化

量化的思路有奇偶量化、按步长量化等，即修改对应的像素值至量化区间内。步长为 Δ 的数据量化规则如图 3-14 所示。

图中底部的坐标表示像素或者系数的取值范围，上部的 0/1 表示该区间数据与水印信息的映射关系。若数值在表示信息 0 的区间内增加 Δ，原来属于 0 的区间将变成 1。同理，也可以减少 Δ 将原来属于 1 的区间将变成 0。一个基于 Δ 步长量化的水印嵌入公式为

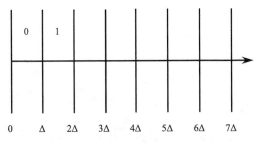

图 3-14　步长为 Δ 的数据量化规则

$$
\begin{cases}
x_w(i) = x(i) & \text{if } x(i) \bmod (2 \cdot \Delta) < \Delta \text{ and } w(i) = 0 \\
x_w(i) = x(i) - \Delta & \text{if } x(i) \bmod (2 \cdot \Delta) \geqslant \Delta \text{ and } w(i) = 0 \\
x_w(i) = x(i) + \Delta & \text{if } x(i) \bmod (2 \cdot \Delta) < \Delta \text{ and } w(i) = 1 \\
x_w(i) = x(i) & \text{if } x(i) \bmod (2 \cdot \Delta) \geqslant \Delta \text{ and } w(i) = 1
\end{cases}
\tag{3-11}
$$

4. 基于系数间关系

基于调制系数间关系，也是一种量化的思路。此时，$C_j = \{(x(i), y(i)),$ $i = 0, \cdots, l-1\}$，即选择的两个系数对应一个水印 bit。通常直接修改 $x(i), y(i)$ 之间的大小关系可能会造成较大的变化，影响算法的不可感知性。因此，通常的做法是，通过量化 $x(i)$ 与 $y(i)$ 两个值之间的差，实现水印嵌入。算法原理同量化嵌入公式。

3.3.3　水印提取与检测

水印提取通常是水印嵌入的逆过程。若待检测图像受到几何攻击，水印嵌入的位置则会发生改变，在进行水印提取前首先需要定位到水印嵌入的位置，这个过程称为水印同步。常用的水印同步思路包括基于原始图像、基于特征点和基于预先嵌入的追踪序列。

1. 基于原始图像

该类算法属于非盲算法，通常使用原始图像做特征点匹配，对待检测的遥感影像进行几何校正，如图 3-15 所示。

2. 基于特征点

部分水印算法通过构建局部特征区域作为嵌入域，如图 3-16（a）所示；此类算法在水印同步时，可以通过相同的算法提取有可能作为水印同步的特征点，如图 3-16（b）所示；并依次按照相同的方法构建 LFR，如图 3-16（c）所示，用于后续水印提取。

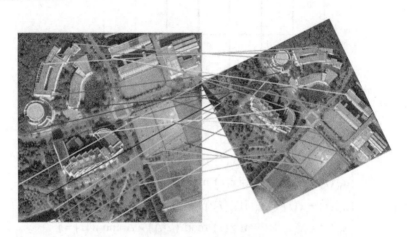

图 3-15　基于特征匹配的遥感影像几何校正

(a) 构造嵌入域使用的特征点　　　　(b) 待检测影像中提取特征点　　　　(c) 依次构建LFR

图 3-16　基于特征点进行水印同步思路

3. 基于预先嵌入的追踪序列

为了应对水印失同步攻击，部分算法在水印嵌入时，引入追踪序列。追踪序列 V_{track} 通常也是一段伪随机二值序列，嵌入方法与水印嵌入同理。水印检测时，遍历整个待检测数据，寻找是否存在追踪序列。

如图 3-17 所示，在水印嵌入时，在 DFT 振幅谱中同时嵌入追踪序列（内圈）和水印信息（外圈）。在水印检测时，可以将 DFT 振幅谱进行对数极坐标转换，由于追踪序列 V_{track} 是已知的，可以遍历图 3-17（b）所有位置进行追踪序列的检测。例如，可以通过计算归一化互相关（normalized cross-correlation，NCC）系数，来判断当前检测的位置是否嵌入了追踪序列。

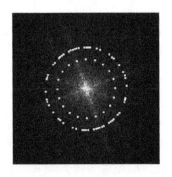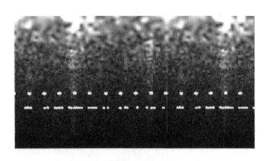

（a）嵌入的追踪序列和水印信息　　　　　　（b）对数极坐标转换

图 3-17　DFT 域嵌入追踪序列检测示意图

NCC 计算公式为

$$\text{NCC} = \frac{\sum_{i=0}^{l}\left(V_e'(i)-\overline{V_e'}\right)\left(V_{\text{track}}(i)-\overline{V_{\text{track}}}\right)}{\sqrt{\sum_{i=0}^{l}\left(V_e'(i)-\overline{V_e'}\right)\sum_{i=0}^{l}\left(V_{\text{track}}(i)-\overline{V_{\text{track}}}\right)}} \tag{3-12}$$

式中，V_{track} 为追踪序列；V_e' 为当前待检测位置提取的系数值。通常为了权衡误检率和防止漏检，会设定一个阈值，当 NCC 值大于阈值时，认为当前位置嵌入了追踪序列。

完成水印同步后，进而提取水印载体的部分 $C_w' = \left\{C_{w\_1}', C_{w\_2}', \cdots, C_{w-j}'\right\}$，$C_{w-j}' = \left\{x_w'(i), i=0,\cdots,l-1\right\}$ 表示包含一个完整水印的待检测的序列。对 C_{w-j}' 依次进行水印信息提取，获得 $W' = \left\{w'(i)\mid w'(i)\in\{0,1\}, i=0,\cdots,l-1\right\}$。水印提取方法依据水印嵌入方法而定。

1）位替换

本方法可以基于设定好的嵌入位置的值直接进行提取，公式为

$$\begin{cases} w'(i)=1 & \text{if } x_w'(i)=1 \\ w'(i)=0 & \text{if } x_w'(i)=0 \end{cases} \tag{3-13}$$

2）加性/乘性法则

加性法则提取时，可以与原始数据进行对比进行提取，考虑到攻击可能改变了原始值，通常会设定一个阈值 T_P 进行判断，公式为

$$\begin{cases} w'(i)=1 & \text{if } x_w'(i)-x(i)>T_P \\ w'(i)=0 & \text{else} \end{cases} \tag{3-14}$$

乘性法则的提取同理。

3）量化

基于量化的水印嵌入，在提取时即对水印载体所在的量化区间进行判断，公式为

$$\begin{cases} w'(i)=1 & \text{if } x'_w(i) \bmod (2 \cdot \Delta) > \Delta \\ w'(i)=0 & \text{else} \end{cases} \tag{3-15}$$

4）基于系数间关系

基于系数间关系实现水印嵌入的算法，在提取时同样要提取相应的系数对 $C'_{w\_j}=\left\{\left(x'_w(i),y'_w(i)\right),i=0,\cdots,l-1\right\}$，判断方法同样根据嵌入方式而定。若是基于系数间差值的量化进行水印嵌入，则提取方法同量化的提取方法。

在完成水印提取后，通过计算 W' 与 W 的关系，或通过恢复 W'，进而判断水印是否存在。根据水印信息的不同，水印检测的方法也有差异，主要包括以下几种。

1）有意义信息恢复

若水印信息是置乱后的 logo 图案，如图 3-18（a）所示，从被攻击后的宿主图像中进行水印信息提取时，将提取的 W' 序列重构为图案，如图 3-18（b）所示，并进行人工识别。图案重构的质量取决于算法的鲁棒性和宿主图像遭受的攻击程度。

（a）原始水印图案 　　　　　　　　　（b）提取并恢复的水印图案

图 3-18　原始水印图案与恢复的水印图案

2）计算相关性

若水印信息是生成的伪随机序列或伪随机矩阵，通常可以计算 W' 与 W 的相关性 NC（normalized correlation）值，公式为

$$\text{NC} = 1 - \left\{ \sum_{i=1}^{N} \text{XOR}\left[w(i),w'(i)\right] \right\} / l \tag{3-16}$$

式中，XOR 为异或运算。NC 值越大则认为水印存在的可能性越大，通常会设定一个阈值 T，若 $\text{NC} > T$ 则认为水印提取成功。这里阈值 T 的设定需通过定量分析

T 与正检率、虚警率之间的关系来确定。

3）解码

若水印信息是纠错编码，则需对 W' 进行解码，恢复成有意义信息再进行判断。

3.3.4　基于映射与最低有效位的遥感影像鲁棒水印算法

本节介绍一个空间域水印算法示例。水印信息选择一个有意义水印图案，水印载体大小为 $M \times N$ 的多波段遥感影像数据 I。该算法通过遥感影像 I 的红色波段 I_R 和绿色波段 I_G，以及蓝色波段 I_B 前七位的像素值计算映射关系，并将水印信息嵌入蓝色波段 I_B 的最低有效位。水印嵌入的具体步骤如下。

（1）选择 $m \times n$ 大小的有意义水印图案，并将其逐行记录为二值水印序列，$W_1 = \left\{ w_1(i) \middle| w_1(i) \in \{0,1\}, i = 0, \cdots, m \cdot n - 1 \right\}$。例如，可以选择如图 3-19 所示 130×30 像素的图案，记录为 $W_1 = \left\{ w_1(i) \middle| w_1(i) \in \{0,1\}, i = 0, \cdots, 3899 \right\}$，水印信息共 3900bit。

版权保护

图 3-19　有意义水印图案

（2）对于遥感影像 I，本节选择 512×512 大小共三个波段的遥感影像数据，如图 3-20 所示。每一个坐标 $I(x,y)$ 分别映射到一个水印位，其对应的水印索引 γ 计算方法为

$$\gamma = I_R(x,y) \cdot I_G(x,y) + I_B(x,y) // 2 \bmod 3900 \qquad (3\text{-}17)$$

（3）对蓝色波段 I_B 的最低有效位进行位替换：

$$\begin{cases} \mathrm{LSB}(I_B(x,y)) = 1 & \text{if } w_1(\gamma) = 1 \\ \mathrm{LSB}(I_B(x,y)) = 0 & \text{if } w_1(\gamma) = 0 \end{cases} \qquad (3\text{-}18)$$

式中，$\mathrm{LSB}(\cdot)$ 表示选择该像素值最低有效位，若像素值为 8 位，选择最低位进行水印位替换。

（4）对所有 $I_B(x,y)$ 的最低有效位完成水印位替换，得到嵌入水印后的遥感影像 I_W，如图 3-21 所示。

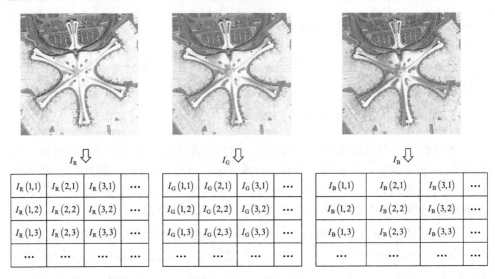

图 3-20　水印载体图像

基于映射规则进行水印嵌入，每个水印位都被重复嵌入了多次，且遥感影像每个坐标的像素映射的水印位索引是独立的，使得算法可以有效抵抗裁剪攻击。本节对水印载体进行 84%裁剪攻击，仅剩余 205×205 像素大小的 I' 用于水印检测，如图 3-21 所示。

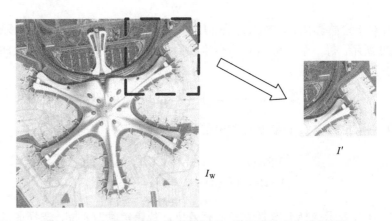

图 3-21　嵌入水印后的遥感影像以及进行裁剪攻击后的图像

水印提取的具体步骤如下。

（1）对待检测遥感影像 I' 的蓝色波段 I_B' 所有像素依次进行水印提取，首先通过相同的方法计算每个像素对应的水印索引 γ'：

$$\gamma' = I_R'(x,y) \cdot I_G'(x,y) + I_B'(x,y) /\!/ 2 \bmod 3900 \tag{3-19}$$

（2）坐标 (x, y) 对应的水印信息提取公式为

$$\begin{cases} w_1'(\gamma') = 1 & \text{if } \text{LSB}\left(I_B'(x, y)\right) = 1 \\ w_1'(\gamma') = 0 & \text{if } \text{LSB}\left(I_B'(x, y)\right) = 0 \end{cases} \tag{3-20}$$

（3）由于水印被重复多次嵌入，每个水印位的水印信息都会被提取多次，基于多数原则，确定 $w_1'(i)$ 的最终值。

（4）将提取的 w_1' 重新排列为图像，如图 3-22 所示，完成水印提取。

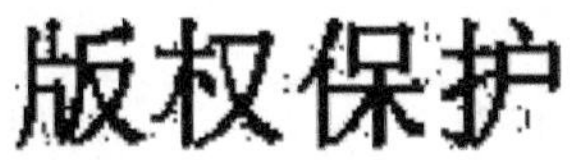

图 3-22　水印提取结果

3.3.5　基于伪随机序列和 DCT 的遥感影像水印算法

本节介绍一个变换域水印算法示例，采用伪随机序列作为水印信息，水印载体为单波段的遥感影像 I_S。该算法通过对 I_S 进行分块，通过量化分块的 DCT 系数间关系进行水印嵌入。具体水印嵌入步骤如下。

（1）水印信息生成。采用伪随机数生成器，生成一个长度为 L 的伪随机二值序列 $W_2 = \{w_2(i) \mid w_2(i) \in \{0,1\}, t = 0, \cdots, L-1\}$，其中 0 值和 1 值的分布均为 50%左右，将其作为水印信息。本节实例中，设置 $L = 64$。

（2）对 I_S 进行分块，每个分块大小为 8×8。以一个 $M \times N$ 大小的遥感影像为例，共可分为 $M/8 \cdot N/8$ 个分块。对所有分块依次嵌入水印 $w_2(i)$，根据分块数量多次重复嵌入 W_2。本节实例中，遥感影像大小为 512×512，共分为 4096 个分块，水印被重复嵌入 64 次。

（3）依此选择一个分块，进行 DCT 变换，得到 $P_{\text{dct}}(i, j)$。例如，一个分块的像素值和 DCT 变换后的值，如图 3-23 所示。选择中频系数 $P_{\text{dct}}(3,4)$ 和 $P_{\text{dct}}(4,3)$ 两个系数作为水印载体，通过量化系数间的大小关系进行水印嵌入：

$$\begin{cases} P_{\text{dct}}(3,4) = \max\left(P_{\text{dct}}(3,4), P_{\text{dct}}(4,3)\right), P_{\text{dct}}(4,3) = \min\left(P_{\text{dct}}(3,4), P_{\text{dct}}(4,3)\right) & \text{if } w_2(i) = 1 \\ P_{\text{dct}}(3,4) = \min\left(P_{\text{dct}}(3,4), P_{\text{dct}}(4,3)\right), P_{\text{dct}}(4,3) = \max\left(P_{\text{dct}}(3,4), P_{\text{dct}}(4,3)\right) & \text{else} \end{cases}$$

$$\tag{3-21}$$

（4）每个分块完成水印嵌入后，进行 iDCT 变换，替换原分块的像素值。

（5）对所有分块依次完成步骤（3）~（4），完成水印嵌入。嵌入水印后的遥感影像如图 3-24（b）所示。

119	122	123	129	131	124	123	129
132	117	119	125	120	125	132	131
205	113	131	137	126	148	150	150
132	127	145	149	149	131	128	134
122	123	138	153	145	127	130	134
121	125	133	144	137	123	111	110
86	82	90	90	77	72	69	72
73	74	75	79	81	78	87	83

原始像素值

	1	2	3	4	5	6	7	8
1	950.0	5.2	-11.0	0.1	26.2	19.5	8.6	3.1
2	133.6	-9.0	22.4	13.9	8.3	8.8	8.2	0.9
3	-123.2	-8.9	14.0	**1.0**	-13.0	-7.3	-7.1	-2.9
4	12.6	6.0	**-37.2**	-20.6	-7.5	-19.7	-12.6	-4.9
5	-0.8	-19.0	-22.0	-16.6	-4.5	-16.0	-12.0	3.6
6	-17.8	16.5	-1.5	-0.9	2.3	-1.6	6.9	1.5
7	49.4	2.3	10.9	18.0	7.8	9.2	8.0	0.4
8	-3.9	1.2	21.3	9.2	8.9	14.9	8.5	-0.4

DCT 系数

图 3-23　一个分块的原始像素值与 DCT 系数

（a）原始遥感影像　　　　　　　　　（b）嵌入水印后的遥感影像

图 3-24　原始遥感影像与嵌入水印后的遥感影像

　　基于变换域的算法对噪声和滤波等攻击具有较好的鲁棒性。本节对遥感影像分别进行 3×3 的均值滤波攻击和椒盐噪声攻击，如图 3-25 所示。分别从被攻击后的遥感影像 I_S' 中提取水印信息的步骤如下：

（a）均值滤波攻击　　　　　　　　　　　　　　（b）椒盐噪声攻击

图 3-25　攻击后的遥感影像

（1）对 I_S' 进行 8×8 分块，依次对分块进行 DCT 变换得到系数 $P_{\text{dct}}'(i,j)$。

（2）提取 $w_2'(i)$：

$$w_2'(i)=\begin{cases}1 & \text{if } P_{\text{dct}}'(3,4)>P_{\text{dct}}'(4,3)\\ 0 & \text{else}\end{cases} \tag{3-22}$$

（3）同样，由于水印被重复多次嵌入，每个水印位的水印信息都会被提取多次，基于多数原则，确定 $w_2'(i)$ 的最终值。

（4）将提取的 W_2' 与原始水印 W_2，基于式（3-16）计算 NC 值。从图 3-25 （a）和图 3-25 （b）中提取水印结果的 NC 值均为 1，水印认证成功。

3.4　矢量地理数据的水印嵌入与提取

矢量地理数据的水印嵌入后，要保证数据的可用性和高精度性。同样地，算法首先要考虑嵌入域和水印载体，然后设计水印信息嵌入方法，并最终实现水印提取与检测。

3.4.1　嵌入域的选择与构建

矢量地理数据的核心是坐标和空间关系，在选择水印载体时通常从这两个角度考虑。除此之外，与栅格数据不同，矢量地理数据具有存储无序、组织有序的特征，该特征使得在要素存储特征中嵌入信息成为可能。矢量地理数据常用的嵌入域有：坐标域、空间特征域和存储特征域。

1. 坐标域

矢量数据由大量的顶点构成，每个顶点即一个坐标，可以表示为 $\mathrm{Vector_{data}} = \left\{ \left(x(i), y(i) \right), i = 1, 2, \cdots, n \right\}$，$n$ 为该数据顶点个数。将矢量地理数据中所有的坐标按规则提取后，可以看成由 x 和 y 坐标分别组成的两个一维向量 $V_x = \left\{ x(i) \right\}$ 和 $V_y = \left\{ y(i) \right\}$。基于坐标域的水印算法同样可以分为空间域和变换域。

1）空间域

空间域算法中，通过直接选择坐标值的精度位，构成水印载体序列。如图 3-26 所示，可以直接选择投影坐标值的百分位（图中方框所选择的数值）构建成向量 C 作为水印载体。

$x(i)$	$y(i)$
704930.570875	3401943.551661
704546.661692	3402864.933700
704162.752509	3403786.315740
703778.843326	3404861.261452
703087.806796	3405782.643492
702243.206594	3406627.243694
701475.388228	3407471.843897
700784.351698	3408393.225936
699786.187822	3409007.480629
698788.023946	3409852.080832
……	……

图 3-26　矢量数据坐标百分位选取

2）变换域

变换域算法中，常用的有 DWT 域和 DFT 域。

基于 DWT 构建的算法中，可以将 x 和 y 坐标序列分别进行小波变换，使用变换后低频系数作为水印载体，如图 3-27 所示。嵌入水印后进行 IDWT，得到嵌入水印后的坐标序列。

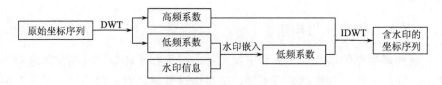

图 3-27　基于 DWT 的坐标序列水印嵌入流程

基于 DFT 构建的算法中，考虑到傅里叶变换的结果为复数形式，为了便于对 x 和 y 坐标的修改，算法设计时，通常将 x 和 y 坐标构建为 $V_{xy} = \{x(i) + i \cdot y(i)\}$ 序列，然后对 V_{xy} 进行傅里叶变换后，将变换生成的序列中的中低频作为水印嵌入域。嵌入水印后，进行逆变换，得到嵌入水印后的坐标序列。

2. 空间特征域

基于空间特征域的嵌入域构建，首先要考虑基于什么来划分嵌入域。在坐标域算法中，通常直接基于存储顺序或者坐标值大小顺序进行排列，获得水印载体序列。空间特征域算法中，则通常基于某种空间特征构造映射关系。为了提高算法的鲁棒性，通常选择对旋转、平移、缩放攻击具有鲁棒性的几何不变特征，进行量化后构建与水印序列的映射关系。

1）构建映射关系

只要存在三个顶点就能构成一个角度，或者两个顶点构成的矢量与坐标轴便可构成一个角度，角度是矢量数据中最丰富的特征之一。基于角度进行量化索引构成与水印信息的映射关系，也被广泛使用。

例如，对某一段线要素，计算其起点和终点组成的线段与 x 轴之间的夹角的角度，如图 3-28 所示，$\overrightarrow{P_1P_n}$ 与 x 轴的夹角记为 θ，并且 $\theta \in [0, 360°]$。线要素的角度值可按式（3-23）计算得到。

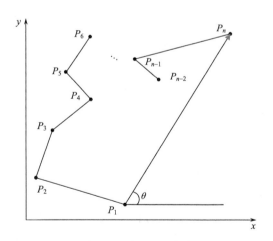

图 3-28　线要素的角度

$$\theta = \begin{cases} \arctan \dfrac{y_n - y_1}{x_n - x_1} & x_1 < x_n, y_1 \leqslant y_n \\[2mm] 90° + \arctan \dfrac{x_1 - x_n}{y_n - y_1} & x_1 \geqslant x_n, y_1 > y_n \\[2mm] 180° + \arctan \dfrac{y_n - y_1}{x_n - x_1} & x_1 > x_n, y_1 \geqslant y_n \\[2mm] 270° + \arctan \dfrac{x_1 - x_n}{y_n - y_1} & x_1 \leqslant x_n, y_1 > y_n \\[2mm] 不存在 & x_1 = x_n, y_1 = y_n \end{cases} \tag{3-23}$$

基于角度建立 $\text{index} = f_{\text{map}}(\theta)$，实现对要素的划分 $\text{Vector}_{\text{data}} = \{V_1, V_2, \cdots, V_l\}$，式中，$l$ 为待嵌入的水印序列的长度；V_i 为嵌入第 i 位水印比特的所有要素的集合。

除了用角度进行量化索引外，还有很多几何特征可以作为建立索引的媒介，例如，线段长度（如 $\overrightarrow{P_1P_n}$）、线段长度的比值（如 $|\overrightarrow{P_2P_1}| / |\overrightarrow{P_2P_3}|$）、要素的面积（若不是面要素的矢量数据，可使用顺序连接部分顶点后围成的面积）等。

2）水印载体的选择

在完成映射关系的构建后，需要选择对应的水印载体用于水印嵌入，即 V_i 的确定。例如，可以直接选择线段的长度（顶点之间的距离）作为水印载体，或者选择几何不变特征作为水印载体，如角度、线段比等。

3. 存储特征域

矢量地理数据由地理要素构成，这些要素包含点要素、线要素和面要素等。通常，点要素只包含一个顶点，而线要素、面要素则包含多个顶点，这些顶点按照指定的规则进行存储和渲染，便得到了矢量地理数据。矢量地理数据各要素间顺序调整，并不会影响矢量地理数据的可视效果及量算精度。因此，矢量地理数据的存储特征为无损水印算法的实现提供了条件。

要素内存储特征是指矢量地理数据要素内部顶点的存储特征。矢量地理数据要素内部顶点之间既有存储关系也有空间关系。存储关系是指顶点之间的存储顺序，对线要素来说，对其内部顶点进行逆序存储不会影响数据的显示效果和使用价值，即可以实现数据的精度无损。

以矢量线数据为例，矢量地理线数据是由若干线要素构成的，每个线要素又是由若干顶点构成，其中每个顶点都含有空间坐标，构成线要素的顶点以特定的规则结合，经过渲染便得到线要素。原顺序和逆序后的渲染结果是完全相同的，线要素内部顶点的逆序存储改变不会影响矢量地理线数据的精度。

根据以上分析，如果采用改变线要素内部顶点的存储特征来实现水印信息嵌

入，那么水印信息的嵌入不会影响矢量地理线数据的精度，其拓扑关系也将全部
保持，因此可以满足高精度矢量地理数据的版权保护和安全性需求。

3.4.2　水印嵌入

1. 坐标域

坐标域水印嵌入，通常使用选择的坐标精度位作为水印载体。水印嵌入方法
与栅格地理数据空间域水印嵌入方法类似，嵌入方法有位替换、加性/乘性法则和
量化等。

2. 空间特征域

空间特征域的水印嵌入则是通过量化调制空间特征值来实现的。如图 3-29 所
示，可以通过量化顶点构成的角度 θ 实现水印嵌入，也可以通过量化顶点之间的
长度 $|\overrightarrow{P_1P_2}|$、线段程度比 $|\overrightarrow{P_2P_1}| / |\overrightarrow{P_2P_3}|$ 实现水印嵌入。

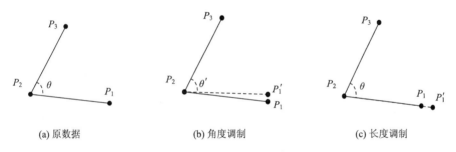

(a) 原数据　　　　　　　　(b) 角度调制　　　　　　　　(c) 长度调制

图 3-29　基于空间特征的水印嵌入示意图

3. 存储特征域

存储特征域的嵌入则是调制要素的嵌入顺序。如图 3-30 所示，对于图 3-30
所示的线要素，以图 3-30（a）中的 P_1 至 P_7 的存储顺序表示水印比特值 0，修改为
图 3-30（b）中的 P_1 至 P_7 的存储顺序表示水印比特值 1。

3.4.3　水印提取与检测

矢量地理数据的嵌入域基本都是基于量化映射构造的，在水印提取时，先基
于量化索引的规则，将待检测的数据划分为 $\text{Vector}'_{\text{data}} = \{V_1', V_2', \cdots, V_l'\}$。

坐标域和空间特征域的水印嵌入方法大多是替换和加性/乘性法则、量化，这
种情况下，单个比特水印信息的提取方法与遥感影像数据的水印提取方法类似，
都是嵌入算法的逆过程。

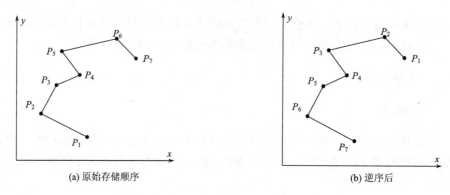

图 3-30　基于存储特征的水印嵌入示意图

在存储特征域进行水印提取时，首先基于映射规则区分每一个要素集，然后判断要素集的存储顺序，基于存储顺序的量化方法判断该要素对应的水印比特是 0 还是 1。

在完成水印提取后，根据水印信息的不同，同样通过计算提取的 W' 与原始水印信息 W 的关系，或对 W' 进行重构，进而判断水印是否存在。水印检测的方法与遥感影像水印的检测方法类似，这里不再赘述。

3.4.4　基于要素长度的矢量地理数据数字水印算法

本节介绍一个基于要素长度的矢量地理数据数字水印算法示例。以矢量地理线数据为水印载体，该算法利用线要素的长度特征实现了水印的嵌入与检测，对平移攻击和旋转攻击具有极强的鲁棒性。

本节算法使用特定的二进制序列作为水印信息，其中水印长度记作 N，则水印信息可记作 $W = \{w(i) | \ w(i) \in \{0,1\}, i = 0,1,\cdots,N-1\}$。水印嵌入的具体步骤如下。

（1）计算线要素的长度。本节将线要素的长度定义为线要素的起始顶点和结束顶点之间的线段的长度。如图 3-31 所示，在线要素 Line 中，P_i 表示存储顺序上的第 i 个顶点，n 是顶点的数目，而 Len 就是线要素的长度，即线段 P_1P_n 的长度。用 (x_i, y_i) 表示顶点 P_i 的坐标，则线要素的长度可表示为

$$\text{Len} = \sqrt{(x_1 - x_n)^2 + (y_1 - y_n)^2} \tag{3-24}$$

式中，(x_1, y_1) 和 (x_n, y_n) 分别是线要素的起始和结束两个端点。

（2）调制线要素的长度。取数据的前 N 个线要素，依次嵌入 W 的 N 个水印比特。设定水印的嵌入位为线要素长度 Len 的小数点后第 q 位，记嵌入位上的数字为 α，则对其嵌入水印后的 α' 有：

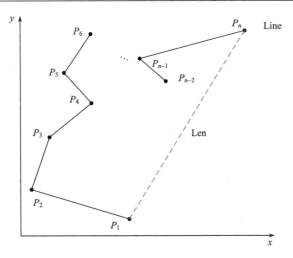

图 3-31　线要素的长度

$$\alpha' = \begin{cases} \alpha+1 & \text{if } \alpha\text{为偶数 and } w(i)=1 \\ \alpha-1 & \text{if } \alpha\text{为奇数 and } w(i)=0 \\ \alpha & \text{else} \end{cases} \qquad (3\text{-}25)$$

式中，$w(i)$ 表示线要素对应的待嵌入水印比特。在嵌入位上，使用 α' 替换 α 则可以得到含水印的线要素长度 Len′。

（3）调整线要素的顶点。要实现长度变化，就需要调整顶点的坐标。给顶点 (x_n, y_n) 中的 y_n 一个调节值 Δy，使其满足方程：

$$\text{Len}' = \sqrt{(x_1 - x_n)^2 + (y_1 - (y_n + \Delta y))^2} \qquad (3\text{-}26)$$

式中，Δy 的解有两个，取较小者记作 $\Delta y'$，则含水印的 y_n' 可表示为

$$y_n' = y_n + \Delta y'$$

至此便完成了一个线要素的水印信息嵌入，其余线要素同理。本算法在水印检测过程中不需要原始数据，属于盲水印方法。水印信息的检测步骤如下。

（1）计算线要素的长度。取待检测数据的前 N 个线要素，依次计算这些线要素的长度，单个线要素的长度记作 Len′。

（2）水印比特的提取。对于 Len′，取其嵌入位上的数字记作 α'，则其对应的水印比特 $w'(i)$ 有：

$$w'(i) = \begin{cases} 0 & \alpha'\text{为偶数} \\ 1 & \alpha'\text{为奇数} \end{cases} \qquad (3\text{-}27)$$

（3）组合水印比特。完成所有线要素的水印比特提取之后，依次组合这些水印比特，则得到提取后的水印信息 W'。

3.5　面向地理空间数据水印的攻击方法

计算机领域关于数字水印技术的研究大多针对图像、音频、文本、视频等数据。而地理空间数据，不论是数据存储特征、数据内容特征还是数据使用特征都具有特殊性。地理空间数据水印技术相比传统水印技术提出了新的抗攻击性的要求与挑战。

对攻击方法的分析是研究水印算法设计的需求，但同时也可以通过模拟这些攻击来验证算法的鲁棒性。

3.5.1　遥感影像水印的攻击方法

1. 噪声攻击

遥感影像传输过程中或者存储设备的不完善引起的噪声，表现为引起较强视觉效果的孤立像素点或像素块。一般来说，噪声信号与遥感影像数据内容不相关，它以无用的信息形式出现，扰乱图像的可观测信息。

2. 旋转攻击

例如，遥感影像数据在地图制图过程中，指北针方向的改变会引起数据随之旋转。

3. 重采样攻击

类似于缩放攻击。地理信息数据根据精度需要可能会被重采样，不同重采样的算法生成的新数据也不同。

4. 裁剪攻击

原始的遥感影像通常是大幅的，单幅遥感影像产品可能是原始影像裁剪出的一部分。目前被广泛使用的瓦片遥感影像技术，就是将遥感影像重采样并裁剪为固定大小。

5. 拼接攻击

遥感影像在使用中，邻近坐标位置的多幅影像可能会拼接使用，若拼接的多幅影像都各自嵌入了水印，拼接会导致水印信息的失同步。

6. 信号增强攻击

为了便于遥感信息的提取，遥感影像使用前通常都会进行信号增强，常见的有线性拉伸、直方图均衡，还有基于频率域的遥感影像增强处理。

7. 投影转换攻击

投影坐标是地理空间数据的一个特点，经过投影纠正和几何纠正处理的遥感影像，每个像素点都具有坐标位置。在改变数据的地图投影时，遥感影像会发生几何变形。

8. 屏摄攻击

随着数字化办公和智能手机的普及，使用手机拍摄屏幕上加载的地理信息数据也成为一种新的信息泄密方式。

此外，任何造成遥感影像几何变化的攻击，也都称为失同步攻击，即导致水印信息的嵌入位置改变、不同步。旋转、重采样、裁剪、投影转换、屏摄等都属于失同步攻击。

3.5.2　矢量地理数据水印的攻击方法

1. 压缩攻击

道格拉斯-普克压缩是矢量数据最常用的压缩方法。在给定压缩阈值后，对矢量数据中每一条曲线的首末点虚连一条直线，求曲线上所有点与直线的距离，并找出最大距离值，并与阈值相比：若最大距离值小于阈值，这条曲线上的中间点全部舍去；否则，保留最大距离值对应的坐标点，并以该点为界，把曲线分为两部分，对这两部分重复使用该方法，达到删除部分点从而压缩数据的目的。

2. 噪声攻击

矢量数据的坐标精度是数据有效性最重要的因素，恶意攻击者若揣测水印信息嵌入在坐标值的最低有效位中，可能通过对坐标精度进行噪声攻击来试图去除水印。

3. 数据增、删、改点攻击

矢量数据在使用中有时需要不断更新，就需要对数据进行修改：增加、删除、修改坐标点，会导致部分水印信息的丢失或失同步。

4. 旋转、平移、缩放攻击

矢量数据的核心就是各顶点的坐标，若对矢量地图进行旋转、平移、缩放，会导致数据坐标改变，从而降低数据的价值。但旋转、平移、缩放会保留矢量数据各部分的拓扑关系，保留部分数据价值。因此，会有恶意攻击者试图通过此类攻击来抹去水印。

5. 地图裁剪攻击

对于大幅矢量数据，裁剪出其中部分用于其他用途十分常见，但裁剪会导致水印信息的丢失。

6. 地图扭曲变形攻击

地图扭曲变形攻击指将矢量地图沿某个方向做错切变形，从而导致矢量地图发生畸变，这也是一种试图抹去水印信息的攻击方式。

7. 数据格式转换攻击

数据格式转换过程中，数据格式的标准不同会造成一定的误差，这类似于噪声攻击。

8. 乱序攻击

乱序攻击是对文件中点的存储顺序进行重新排序。有些算法需要依顺序读取点进行水印提取，乱序攻击可以导致此类算法无法检测。

3.6　算　法　评　价

3.6.1　不可感知性

不可感知性指的是水印嵌入后不会影响空间地理数据的视觉效果。

对于遥感影像数据，常用的不可感知性评价方法有峰值信噪比（peak signal to noise ratio，PSNR）和结构相似度指数（structural similarity index measure，SSIM）两个指标。其中，对单波段遥感影像水印嵌入前后 PSNR 的计算公式为

$$\text{PSNR} = 10 * \lg \frac{M * N * \left[\max(I) - \min(I)\right]^2}{\sum_{i=1}^{M}\sum_{j=1}^{N}\left[I(i,j) - I'(i,j)\right]^2} \tag{3-28}$$

式中，I 和 I' 分别为原始遥感影像和嵌入水印后的遥感影像；$I(i,j)$ 和 $I'(i,j)$ 分

别为其在 (i,j) 处的像素值；M 和 N 分别为遥感影像的长和宽。

SSIM 的计算公式为

$$\text{SSIM}(I,I') = \frac{(2\mu_I\mu_{I'}+c_1)(2\sigma_{II'}+c_2)}{(\mu_I^2+\mu_{I'}^2+c_1)(\sigma_I^2+\sigma_{I'}^2+c_2)} \tag{3-29}$$

式中，μ_I 和 $\mu_{I'}$ 分别为 I 和 I' 像素的平均值；σ_I 和 $\sigma_{I'}$ 分别为 I 和 I' 的标准差；$\sigma_{II'}$ 为 I 和 I' 的协方差；c_1 和 c_2 为用来保证除数不会为 0 的常数。

对于矢量地理数据，不可感知性主要指目视判断数据的点位一致性、空间方位一致性等，水印嵌入没有造成肉眼可见的变化。

3.6.2　精度与可用性

精度是地理空间数据数字水印技术特有的重要特性，水印嵌入后不仅要有不可感知性，还要保证其精度变化在允许的范围内。

对于遥感影像数据，精度评价的原则是不影响遥感影像数据的地学分析使用，例如，水印嵌入前后，对遥感影像数据的地物分类结果的改变要低于设定的阈值。

对于矢量地理数据，精度评价则需要考虑水印嵌入前后，坐标的偏移量是否超出误差范围，常用的统计指标有最大误差（maximum error，Maxe）、平均误差（mean error，Meane）、标准差（standard deviation，Std）和均方根误差（root mean square error，RMSE）。

设原始矢量地理数据的坐标集为 $V(v_1,v_2,\cdots,v_n)$，嵌入水印后坐标集为 $V'(v_1',v_2',\cdots,v_n')$，$n$ 为坐标点总数。

最大误差（Maxe）的公式为

$$\text{Maxe} = \max\left(\{|v_i-v_i'|, i=1,2,\cdots,n\}\right) \tag{3-30}$$

最大误差是指嵌入水印后坐标点调制的最大距离，水印算法必须能够有效控制最大误差，使其不超过运行的误差范围，保证数据的正常使用。

平均误差（Meane）的公式为

$$\text{Meane} = \frac{1}{n}\sum_{i=1}^{n}|v_i-v_i'| \tag{3-31}$$

平均误差是嵌入水印后坐标点调制距离的平均值，可以反映误差分布的集中趋势。

标准差（Std）的公式为

$$\text{Std} = \sqrt{\frac{1}{n}\sum_{i=1}^{n}\left(|v_i-v_i'|-\text{Meane}\right)^2} \tag{3-32}$$

标准差可以有效地反映误差分布的离散程度，标准差越小，说明误差分布越稳定。

均方根误差（RMSE）公式为

$$\begin{cases} x.\text{RMES} = \sqrt{\dfrac{1}{n}\sum_{i=1}^{n}\left(\left|x_i - x_i'\right|\right)^2} \\ y.\text{RMES} = \sqrt{\dfrac{1}{n}\sum_{i=1}^{n}\left(\left|y_i - y_i'\right|\right)^2} \end{cases} \tag{3-33}$$

通过均方根误差衡量水印嵌入前后精度失真的程度，均方根误差越小，精度越高。

3.6.3　水印容量

水印容量是指在保证不可感知性和精度的情况下，地理空间数据中所能嵌入的最大水印位数。对于遥感影像数据，通常将单个像素值所能嵌入的水印位数作为评价指标；对于矢量地理数据，通常将每个坐标点所能嵌入的水印位数作为评价指标。

3.6.4　鲁棒性

地理空间数据可能面临多种不同的攻击，既有恶意攻击，也有非恶意攻击。评价算法的鲁棒性，需要对水印嵌入后的数据人为进行攻击，或模拟攻击。从攻击后的数据中提取水印信息，并计算提取的水印信息与原始水印信息之间错位率（bit error rate，BER）或归一化互相关系数（normalized cross-correlation，NCC）值，进而对算法抗各类攻击的鲁棒性进行定量评价。

其中，BER 的公式定义为

$$\text{BER} = \left[\frac{1}{l}\sum_{i=1}^{l}\text{XOR}\left(w_i, w_i'\right)\right] \times 100\% \tag{3-34}$$

式中，XOR 为异或运算；w_i 和 w_i' 分别为原始水印信息和提取的水印信息；l 为水印信息长度。

3.6.5　正检率与虚警率

正检率与虚警率指水印能够被正确检测、几乎不会被误检的能力。在算法评价方面，通过理论计算或统计实验来评价算法的正检率（true positive rate，TPR）和虚警率（false positive rate，FPR）。

3.6.6　安全性

安全性通常指未经授权的用户无法伪造水印或恢复水印的能力。安全性主要评价的是水印信息加密的能力，一般通过密钥容量、密钥敏感性和加密前后数据的相关性等指标进行评价。

第4章　交换密码水印技术

交换密码水印是密码学技术和数字水印技术的结合。将两种技术的优势进行互补，以在数据分发、使用和存储等全过程中提供安全有效的保护，为解决数据的安全保护问题提供了全新的思路。本章将结合具体实例，从交换密码水印技术的原理、性质、应用场景等多个角度讲解该技术。

4.1　交换密码水印技术的基本概念

4.1.1　交换密码水印技术的发展

密码学技术采用加密数字信息以生成难以解读的乱码来确保数据存取的安全，但一旦密文数据被解密，数字信息内容就会对用户完全透明，非法用户有可能在数据使用期间窃取或盗版数据内容，严重损害数据拥有者的利益。因此，单纯依靠密码学技术的主动保护无法提供全面的安全保护，迫切需要在用户使用数据的过程中提供安全可靠的保护技术，并且在数据使用过程中实施严格的监督和控制。数字水印技术则能够建立版权信息与数据间的关联关系，可以实现在使用过程中对数据安全的保护。当数字信息被非法使用或泄露时，利用该技术可以从数字信息中提取版权信息，进而确权。因此，许多学者正在探索将主动保护的密码学技术和被动保护的水印技术互补融合的方法为数据提供更全面的安全保护。

针对被保护的数据，密码学技术和数字水印技术应当相辅相成，分别发挥各自的保护作用。密码学技术可以对数据进行加密，以保护数据的机密性和完整性，同时数字水印技术可以嵌入版权信息，以保证数据的版权不被侵犯。这两种技术的共同使用可以为数据提供更加全面的安全保护。在使用密码学技术时，数据可以以密文的形式传输和存储，从而有效地防止非法攻击者在传输过程中获取数据的信息内容。在使用数字水印技术时，相关版权信息可以被嵌入数据中，并能够在发生数据非法使用或版权纠纷时，通过数据所有权认证来追根溯源。密码学技术和数字水印技术相结合系统框图可以参见图 4-1，其中 $EW(X,w,k)$ 表示在密钥控制下，密码学技术和数字水印技术相结合的算法。

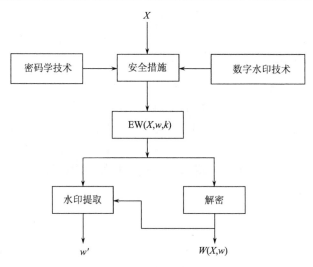

图 4-1　密码学技术与数字水印技术相结合系统框图

1. 密码学技术与数字水印技术的直接结合

为了同时保护数据的安全性和版权，最直接的方法是将密码学技术和数字水印技术叠加使用。叠加方式有两种：第一种是先将版权信息嵌入数据中，然后再对含水印数据进行加密，具体流程如图 4-2 所示；第二种是对原始数据进行加密，

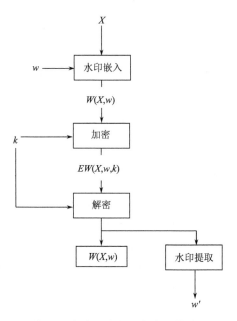

图 4-2　先嵌入水印再加密具体流程

然后再将数字水印信息嵌入密文中，具体流程如图 4-3 所示。但是，这两种方式都存在一些问题。对于第一种方式，由于数字水印信息存在于原始数据中，提取水印信息时必须完成解密操作，当数据过于庞大时，此过程耗费巨大。此外，在进行水印验证时，数据处于原始明文状态，安全保护面临巨大挑战。特别是在需要第三方进行水印验证时，原始数据信息将不得不暴露。相较于第一种方式，第二种方式虽然避免了解密操作，但嵌入操作会影响密文信息，导致加密不可恢复。因此，不得不在解密前恢复至原始密文状态。但此时，在多媒体信息解密后数字水印将不复存在。因此，单纯地将密码学技术和数字水印技术结合起来并不能实现数字信息的全面保护。

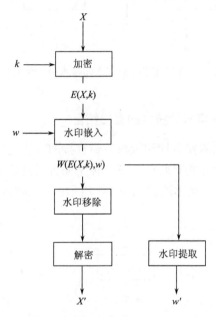

图 4-3　先加密再嵌入水印具体流程

2. 密码学技术与数字水印技术的联合

为了克服密码学技术与数字水印技术直接结合的缺陷，一些学者提出了一种联合的方法，其基础思想是利用与原始密钥具有微弱差异的密钥作为解密密钥，微弱的差异导致解密数据与原始数据不一致，这种不一致可以人为控制作为版权信息。密码学技术与数字水印技术的联合如图 4-4 所示。以联合机制为基础，同步完成解密和水印嵌入，以此达到无缝耦合。在数据传输和存储过程中，通过密码学技术保证数据的安全性，而在解密密文数据后，数字水印技术可以保护明文数据的安全性。这种联合解密和水印嵌入的方法，有效地解决了直接结合方式存在的问题，引起了广泛关注。然而，此类算法的思想是完成两种技术在操作上的连续，而当数据受到密码技术保护时，即处于密文状态时，无法从中提取出嵌入的水印信息进行被动保护；当受到数字水印技术的保护时，明文则完全暴露在外。

图 4-4 密码学技术与数字水印技术的联合

3. 交换密码水印的提出

交换密码水印（commutative encryption watermarking，CEW）技术同样是解决两种经典安全保护技术的联合问题，其主要思想是在数据传输、存储等过程中提供主动加密保护和被动版权保护，即同时实现主动保护和被动保护的全面安全保护。在这种方法中，加密操作和数字水印嵌入操作可以交换顺序，解密操作和数字水印提取操作同样也可以交换顺序，而且不会影响数据密文和水印信息的生成和提取。

交换密码水印技术的实现过程如下：首先，在明文数据上应用数字水印技术，在其中嵌入水印信息；其次，将嵌有水印信息的明文数据进行加密，得到密文数据；再次，密文数据可以进行传输、存储等操作来保证数据的安全；最后，解密为明文状态，并提取出版权信息，如图 4-5 所示。这样，交换密码水印技术可以同时保证数据在传输、存储及使用过程中的安全。

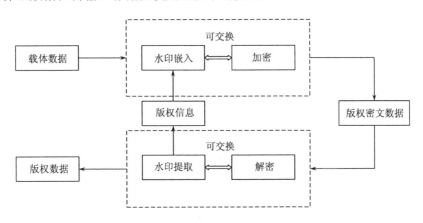

图 4-5 交换密码水印技术原理图

　　总之，交换密码水印技术是一种将密码学技术和数字水印技术相结合的有效方法，同时提供主动保护和被动保护，是实现数据安全保护的重要手段之一。

4.1.2　交换密码水印定义及性质

　　以上的加密系统和数字水印系统中，都包括加密和解密、水印嵌入和水印提取两种操作。在加密系统中，使用特定加密算法将明文数据加密为不可辨识的密文数据；解密过程中则是运用同样的方法或者方法的逆对密文数据进行解密，得到明文数据。

　　同样地，在数字水印系统中，使用特定水印方法将版权信息嵌入数据中，得到含版权的数据；在确权阶段利用相同水印方法，从可疑数据或待检测数据中提取出水印信息。

　　交换密码水印系统需要满足式（4-1），即将加密密钥 k 与水印信息 w 嵌入操作 Em 进行交换，将解密密钥 k^{-1} 与水印提取操作 Ex 进行交换，从而实现多媒体信息数据的加密和解密及水印信息的嵌入和提取。

$$X_{\text{ew}} = \text{Em}(E(X, k), w) = E(\text{Em}(X, w), k) \tag{4-1}$$

$$D(\text{Ex}(X_{\text{ew}})) = \text{Ex}(D(X_{\text{ew}})) = w \tag{4-2}$$

式中，X 为原始信息；X_{ew} 为加密后的信息；Em 为嵌入水印操作；Ex 为提取水印操作；k 为加密密钥；k^{-1} 为解密密钥；E 为加密操作；D 为解密操作。

　　因此，结合交换密码水印中水印操作和密码学操作可互换顺序的特性，一些学者总结出交换密码水印所需遵守的特点：

　　特点 1，水印嵌入可在加密后的数据文本中进行；

　　特点 2，水印提取可从先加密再嵌入水印的数据密文中提取；

　　特点 3，水印嵌入再加密的密文中依旧可提取水印信息；

　　特点 4，解密不破坏水印信息，即加解密前后所提取水印应完全相同。

　　具体而言，如果将水印嵌入函数表示为 EM，水印提取函数表示为 EX，加密函数表示为 EN，解密函数表示为 DE，原始数据表示为 D，加密密钥表示为 K_1，则水印嵌入和加密的可交换性可表示为

$$\text{EN}(\text{EM}(D), K_1) = \text{EM}(\text{EN}(D, K_1)) \tag{4-3}$$

　　式（4-3）表明，如果水印嵌入函数 EM 满足可交换性，并且加密函数 EN 也满足可交换性，则可以将水印嵌入和加密操作交换顺序。

$$\text{EX}(\text{DE}(D', K_2)) = \text{DE}(\text{EX}(D'), K_2) \tag{4-4}$$

式中，D' 为嵌入水印的密文数据；K_2 为解密密钥。式（4-4）表明水印提取和解密的先后顺序可随意调换。

4.1.3 交换密码水印技术的应用

交换密码水印技术将密码学技术和数字水印技术结合，为数据提供更深层次的保护，主要包括以下几个方面。

（1）版权保护与证据保全：交换密码水印融合了数字水印技术，因此同样可用于数据的版权保护及完整性认证。

（2）医疗图像保护：交换密码水印技术可以用于保护医疗图像数据的隐私和安全。数字水印可以嵌入医疗图像中，以提供完整性和可追溯性，并使用加密技术确保医疗图像数据在传输和存储过程中受到保护。

（3）金融信息保护：交换密码水印技术可以用于保护金融数据的安全和隐私。数字水印可以嵌入金融文档、报告和交易记录中，以提供完整性和可追溯性，并确保数据在传输和存储过程中受到保护。

综上，可以看出交换密码水印技术作为密码学技术和数字水印技术的融合，能在许多需要保护数据安全和隐私的场景中发挥重要作用，因此有着广阔的应用前景。

4.2 地理信息交换密码水印技术性质

4.2.1 面向地理信息交换密码水印的攻击方法

抗攻击能力是评估交换密码水印算法性能中最为重要的指标之一，本节结合地理信息数据自身的特点及数据处理方式，对可能遭受的攻击方式和数据处理操作进行了分析。通过对数据处理方式的分析和总结，交换密码水印算法的攻击方式可以大致分为以下几类。

1. 穷举攻击

穷举攻击是一种典型的已知明文攻击方式，它指的是攻击者可以通过使用密钥空间中的密钥依次对窃取的密文进行解密，从而找到正确的密钥。穷举攻击能否成功的关键在于密钥空间的大小。

2. 几何攻击

几何攻击指利用平移、缩放和旋转等几何变换方式来破坏地理信息数据与水印信息之间的同步关系。

3. 数据格式转换攻击

地理信息数据具有复杂的组织格式,对应有多种文件格式和应用平台。因此在地理信息数据处理中,格式转化是最常见的操作之一,同样也是交换密码水印中最常见的攻击方法之一。

4. 投影变换攻击

地图投影变换作为地理数据最基础且特有的操作,同样是地理信息数据交换密码水印算法需要考虑的攻击之一。

5. 裁剪与拼接攻击

出于研究区域提高数据处理效率的需求,常常需要对不同研究区数据进行拼接或裁剪,这种拼接或裁剪操作会给数据中水印信息带来大量的噪声点,或者破坏数据中原有的映射关系,因此此类操作同样也是地理信息数据需要考虑的攻击方式之一。

6. 顶点攻击

顶点攻击是矢量地理数据中最常见攻击方法之一,是指对矢量地理数据进行顶点添加、顶点删除、顶点坐标修改及顶点重排序等操作,进而破坏嵌入的水印信息。

4.2.2　地理信息交换密码水印性质

根据自身特征,适用于地理信息数据的算法不仅要保证两种技术的耦合与可交换,还应额外满足下列性质和特征。

1. 应对数据的特有操作方式具备一定鲁棒性

数字水印鲁棒性直接决定了所构成 CEW 算法的实用性和鲁棒性,其代表了经过攻击后提取水印的能力。与传统图像水印攻击相似,矢量地理数据数字水印同样具有常见的旋转、平移和缩放攻击,除此之外数据特有的坐标点增删及空间投影等操作也是最常见的攻击方式。而面向矢量地理数据的 CEW 算法同样需要充分考虑数据特有的操作方式和攻击方式,对此类攻击同样需要具备一定的抵抗能力以增加算法的实用性。

2. 应保证坐标精度,不影响数据的正常使用

相较于图像等数据类型,矢量地理数据具有空间坐标和拓扑关系等具有现实意义的空间信息，能够直接或间接地表示地理位置等自然或社会现象。因此，水印嵌入在理论上不应对空间坐标数据产生变动，否则将严重影响数据使用价值。即矢量地理数据 CEW 算法应不扰动或尽可能少地改动空间坐标数据，避免坐标改动所导致的空间精度降低和拓扑不一致问题。

3. 加密部分应设计为感知加密，尽可能避免数据结构和文件组织的改变

不同于图像、音视频等数据，矢量地理数据具有特殊的数据结构和文件组织方式，而经典的加密算法（如 DES、AES 等）均是将数据看作二进制流对数据加密，这种经典的加密方式并未顾及矢量地理数据本身的几何特征和结构特征，采用此类加密算法对矢量地理数据加密必将产生数据结构的改变。而数据结构的改变将使得数据变得不可读、不可识，也可能引起攻击者的兴趣，从而增加数据泄露的风险。因此，针对矢量地理数据 CEW 算法的加密部分应设计为感知加密，在避免文件转换所带来额外开支和对数据结构及文件组织的改变的同时完成数据的加密。

4.3　地理信息交换密码水印技术分类

针对各种不同的数据类型和数据特征，交换密码水印有多种实现机制，不同的实现机制将会直接影响交换密码水印的安全性、鲁棒性、效率等各项重要属性。因此，对现有的主要交换密码水印实现机制进行分析，是研究适用于地理信息数据交换密码水印实现机制的基础。

4.3.1　基于分域的交换密码水印

1. 算法基本思想

以域分隔为基础的算法，其原理主要是通过一定的数学转换将数据分离成两个独立的部分。两个独立的部分为两种技术提供两种操作空间，且彼此互不干扰以保证两种技术的共同作用。当两种技术操作完成后，利用相同的数学变换将受保护数据恢复至原始形态。当数据分发时仅对其中一个部分进行加密，分发完毕仅对该部分解密，以保证在传输过程中的安全及数据的正常使用。同时，在此过程可以进行水印操作，但操作对象为数据的另一部分，当有需要时也仅对此部分提取水印信息，达到数据的版权保护及溯源。这种方法保证了两种技术的独立性及耦合性。具体地，对于原始数据 D，存在方法 f 由 f_k 和 f_w 构成，使得

$$\begin{cases} f_k(D) = D_k \\ f_w(D) = D_w \end{cases} \tag{4-5}$$

并满足

$$D_k \bigcap D_w = \varnothing \tag{4-6}$$

且存在相应的逆变换 f_k^{-1} 和 f_w^{-1} 满足

$$f_k^{-1}(D_k) \bigcup f_w^{-1}(D_w) = D \tag{4-7}$$

密码学与数字水印操作沿用上述符号，则基于分域的算法加密流程可表示为

$$D_k' = \text{EN}(D_k, K_1) = \text{EN}[f_k(D), K_1] \tag{4-8}$$

式中，D_k' 为加密后的密文域；K_1 为加密密钥；EN 为加密函数。水印嵌入流程可表示为

$$D_w' = \text{EM}(D_w, W) = \text{EM}[f_w(D), W] \tag{4-9}$$

式中，D_w' 为水印域，携带水印信息；W 为水印信息；EM 为水印的嵌入过程。在两种技术操作完成后，数据 D' 由 D_k' 和 D_w' 构成：

$$D' = f_k^{-1}(D_k') \bigcup f_w^{-1}(D_w') \tag{4-10}$$

对数据 D' 进行解密的过程为

$$D_k'' = D_k = \text{DE}[f_k(D'), K_2] \tag{4-11}$$

式中，D_k'' 为密文域，且为明文状态；DE 为解密函数；K_2 为解密密钥。根据算法的原理易得

$$D_k'' = D_k \tag{4-12}$$

对数据 D' 进行水印提取的过程为

$$W = \text{EX}[f_w(D')] \tag{4-13}$$

式中，EX 为水印的提取过程。

2. 算法理论模型及框架

本小节以正交分解为例讲解基于分域操作的算法模型。设原始操作数据为一 n 维向量 $X = (x_1, x_2, \cdots, x_n)^T$，而对于 $n \times n$ 维正交基 $B = (e_1, e_2, \cdots, e_n)$ 有

$$e_i^T \cdot e_j = \begin{cases} 1 & \text{if } i = j \\ 0 & \text{if } i \neq j \end{cases} \quad (i, j = 1, 2, \cdots, n) \tag{4-14}$$

在正交基 B 控制下，X 可表示为

$$X = B \cdot Y \tag{4-15}$$

式中， $Y = (y_1, y_2, \cdots, y_n)^{\mathrm{T}}$ 为正交分解系数向量，且

$$Y = B^{\mathrm{T}} \cdot X \tag{4-16}$$

可将其划分为两个不相交子集，即 $Y = (Y_1, Y_2)^{\mathrm{T}}$ 。假设 $Y_1 = (y_1, y_2, \cdots, y_m)^{\mathrm{T}}$ ，$Y_2 = (y_{m+1}, y_{m+2}, \cdots, y_n)^{\mathrm{T}}$ ，则 B 划分为两个子集 $B = (R, S)$ ，且 $R = (e_1, e_2, \cdots, e_m)$ ，$S = (e_{m+1}, e_{m+2}, \cdots, e_n)$ ，此时有

$$Y_1 = R^{\mathrm{T}} \cdot X \tag{4-17}$$

$$Y_2 = S^{\mathrm{T}} \cdot X \tag{4-18}$$

综合上述， X 可表示为

$$X = R \cdot Y_1 + S \cdot Y_2 \tag{4-19}$$

若对 Y_1 进行加密操作 $E_{\mathrm{od}}(\cdot)$ ，对 Y_2 进行水印嵌入操作 $W_{\mathrm{od}}(\cdot)$ ，则可定义该类算法框架下操作为

$$X_e = E_{\mathrm{od}}(X, K_e) = R \cdot E(Y_1, K_e) + S \cdot Y_2 \tag{4-20}$$

$$X_w = W_{\mathrm{od}}(X, w, K_w) = R \cdot Y_1 + S \cdot W(Y_2, w, K_w) \tag{4-21}$$

式中， K_e 为加密密钥； w 为水印信息； K_w 为水印的加密密钥。即此类算法操作对象为拆分部分 Y ，而非原始数据 X ，且所拆分的两部分间存在独立性，则有

$$\begin{aligned} W_{\mathrm{od}}[E_{\mathrm{od}}(X, K_e), w, K_w] &= E_{\mathrm{od}}[W_{\mathrm{od}}(X, w, K_w), K_e] \\ &= R \cdot E(Y_1, K_e) + S \cdot W(Y_2, w, K_w) \end{aligned} \tag{4-22}$$

即在该框架中，加密顺序与水印嵌入顺序对最终结果没有影响，具有交换性。对此，携带版权信息的密文数据 X_{ew} 可表示为

$$X_{ew} = R \cdot E(Y_1, K_e) + S \cdot W(Y_2, w, K_w) = R \cdot Y_{1e} + S \cdot Y_{2w} \tag{4-23}$$

式中， $Y_{1e} = E(Y_1, K_e)$ 为 Y_1 密文； $Y_{2w} = W(Y_2, w, K_w)$ 为 Y_2 水印数据。为了计算方便也可根据式（4-23）化简为

$$X_{ew} = B \cdot Y_{ew} \tag{4-24}$$

式中， $Y_{ew} = (Y_{1e}, Y_{2w})^{\mathrm{T}}$ 为携带水印的密文数据。且解密操作 $D_{\mathrm{od}}(\cdot)$ 及数字水印提取操作 $V_{\mathrm{od}}(\cdot)$ 定义为

$$D_{\mathrm{od}}(X_{ew}, K_e) = R \cdot D(Y_{1e}, K_e) + S \cdot Y_{2w} \tag{4-25}$$

$$V_{\mathrm{od}}(X_{ew}, K_w) = V(Y_{2w}, K_w) \tag{4-26}$$

携带水印的明文状态数据 X_w 可定义为

$$\begin{aligned} X_w = D_{\mathrm{od}}(X_{ew}, K_e) &= R \cdot D(E(Y_1, K_e), K_e) + S \cdot Y_{2w} \\ &= R \cdot Y_1 + S \cdot W(Y_2, w, K_w) \\ &= W_{\mathrm{od}}(X, w, K_w) \end{aligned} \tag{4-27}$$

根据式（4-26）和式（4-27）可提取出水印为

$$W = V_{od}(X_{ew}, K_w) = V_{od}(X_w, K_w) = V(Y_{2w}, K_w) \tag{4-28}$$

可以看出，该类算法的解密操作与数字水印提取操作顺序同样不影响最终结果，即满足可交换关系。

3. 基于分域的三维数据交换密码水印算法

本节以构建三维点云数据正交域的方法讲解基于分域的算法实现。

1）基于约瑟夫环的点云数据加解密算法

约瑟夫问题是数学与计算机科学中的问题，类似问题可被称作"约瑟夫环"或者"丢手绢问题"。具体可以把问题描述为：将 T 个人围成一桌，从 1 开始按照自然数增长的方式依次编号为 $1\sim T$，从第一个人开始报数，数到第 M 个人开始离席，再从离席者下一位在座成员 1 开始报数，数到第 M 个人离席，按照上述方法不断报数，不断离开，且离席者离开后取消该位置的设置，直到最后一个在座成员编号，按照离席者离席的时间顺序可以重新组成新的序列，上述问题围绕约瑟夫环将原始的规则序列置乱的方式被称为"约瑟夫置乱"。

为了提高密钥空间，本节对约瑟夫置乱进行了改进。改进的方法是随机选择一个离席者，而不是从第一个人开始报数。图 4-6 展示了不同离席周期和离席初始位置下，总人数保持不变的情况下，原始数据按照顺时针排列的顺序和离席时间顺序的变化。其中，T 为桌内总人数；M 为离席的周期；S 为初始离席位置。

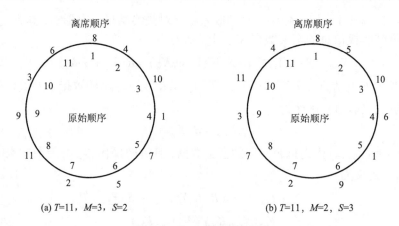

(a) T=11，M=3，S=2　　　　　　　　(b) T=11，M=2，S=3

图 4-6　约瑟夫置乱示意图

利用约瑟夫环生成的伪随机序列，将三维点云数据坐标置乱加密。解密是加密算法的逆运算，按照加解密密钥生成相同的随机序列，并按照上述步骤完成逆运算。

2）基于 QR 码的三维数据数字水印算法

本节提出利用红色（red，R）和绿色（green，G）通道共同进行水印映射，并根据 R 和 G 的关系来选择蓝色（blue，B）通道的最低精度有效位或次低精度有效位，完成版权信息的负载。水印嵌入提取算法流程图如图 4-7 所示。

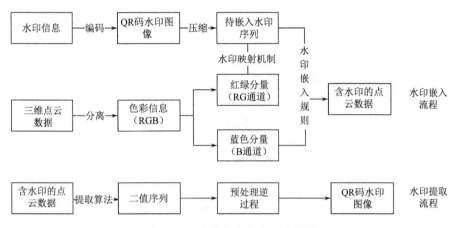

图 4-7　水印嵌入提取算法流程图

本节结合水印映射思想，将三维点云红绿通道数据均匀映射到所有水印位上，从而构造嵌入单元中颜色信息和水印信息位之间的关系，使得同一位水印信息可以被嵌入多个点云数据的蓝色通道中。水印提取操作是水印嵌入操作的逆过程，同样是按照上述流程进行。

通过上述算法实现可以看出，本节通过所展示实例可以实现密码学与数字水印的融合与互不干扰，但操作域分界明显，水印域不受加密保护，算法的安全性和耦合性较差。

4.3.2　基于同态加密的交换密码水印

1. 算法基本思想

同态加密是一种较为新颖的加密方式，能够支持密文同态计算，即在密文域中操作可以等同于在明文域中操作。根据此特性，大量学者开展如何将同态加密运用于交换密码水印领域中的研究。但由于同态加密处于起步阶段，仍存在大量的问题，如仅适用于特定加密算法、加密后数据膨胀问题。因此本节仅以部分示例讲解同态加密的思想。

设同态加密算法为 EN、解密算法为 DE，水印嵌入函数记为 EM，水印提取函数记为 EX，原始数据记为 D，则水印嵌入和加密的可交换性可表示为

$$\mathrm{EN}\big(\mathrm{EM}(D),K_1\big)=\mathrm{EM}\big(\mathrm{EN}(D,K_1)\big) \tag{4-29}$$

式中，K_1 为加密时所需的密钥。从式(4-29)中可以看出，加密和水印嵌入的步骤可以相互交换，且无论是加密在先还是水印嵌入在先，最终得到的含有水印的密文数据结果均一致。类似地，水印提取和解密的交换性可表示为

$$\mathrm{EX}(\mathrm{DE}(D',K_2))=\mathrm{EX}(D') \tag{4-30}$$

式中，D' 为嵌入交换密码水印的密文数据；K_2 为解密时所需的密钥。则根据式（4-29）可知，水印的嵌入和解密的前后顺序可随意调换。同时，这样的可交换性也说明，水印提取不需要解密密钥 K_2，从而避免了密钥泄露、解密步骤冗余等情形，提高了安全性和效率。

综上可知，同态加密下的密码学操作和数字水印操作满足了交换密码水印的性质。

2. 算法理论模型及框架

以加法同态为例，记原始明文数据为 $A=\{a_1,a_2,\cdots,a_n\}$，$n\in N^*$，首先对原始明文数据 A 进行任意加法操作 $f(\cdot)$。再对 $f(A)$ 进行同态加密运算 $E(\cdot)$，则运算 $F(\cdot)$ 满足某种加法同态，有

$$E(f(A),K_e)=F[E(A,K_e)] \tag{4-31}$$

式中，K_e 为加密密钥。式（4-31）即为满足同态加密的通用表达式，根据上述公式可设计水印嵌入算法 $\mathrm{EM}_f(\cdot)$ 和水印提取算法 $\mathrm{EX}_f(\cdot)$：

$$A_w=\mathrm{EM}_f(A,w) \tag{4-32}$$
$$w=\mathrm{EX}_f(A_w) \tag{4-33}$$

式中，w 为水印信息标识；A_w 为含有水印信息的明文数据。

根据上述同态加密的特性，将 $f(\cdot)$ 和 $F(\cdot)$ 的同态关系映射至水印嵌入 $\mathrm{EM}_f(\cdot)$ 与提取嵌入操作 $\mathrm{EX}_f(\cdot)$ 中，由此对明文数据先加密再嵌入水印记为 A_{ew}，可以得到含水印的密文数据：

$$A_{ew}=\mathrm{EM}_f[E(A,K_e),w] \tag{4-34}$$

相应的水印提取操作为

$$w=\mathrm{EX}_f(A_{ew}) \tag{4-35}$$

最后基于同态加密交换密码水印的水印提取操作可以描述为

$$w=\mathrm{EX}_f\{D[\mathrm{EM}_f(A,w),K_p],K_w\} \tag{4-36}$$

式中，K_p 为解密密钥；K_w 为水印密钥。式（4-36）表示在密文数据中嵌入水印信息，解密后依旧可从明文数据中提取水印信息。

$$w = \mathrm{EX}_f \{ E[\mathrm{EM}_f(A, w), K_w] \} \tag{4-37}$$

式中，K_w 为水印密钥。式（4-37）表示在明文数据中嵌入水印信息，加密后依旧可从密文数据中提取水印信息。

从式（4-36）和式（4-37）可以看出，基于同态加密的交换密码水印方案实现了密码学与水印的可交换性与耦合性。

3. 基于同态加密的遥感影像交换密码水印算法

本小节介绍一个同态加密技术应用于遥感影像数据的算法实例。该算法的基本思路是首先对图像进行分块，其次利用希尔伯特（Hilbert）曲线对每个分块内的像素进行编码和重组，最后使用同态加密对组合生成的数值进行处理，得到每个分块的密文。

1）基于同态加密的遥感影像数据加密算法

首先对图像进行分块，其次基于 Hilbert 曲线对各块内像元值进行重新组合，最后用同态加密对组合像元值处理，得到各分块的密文数据。交换密码水印遥感影像加密基本流程如图 4-8 所示。

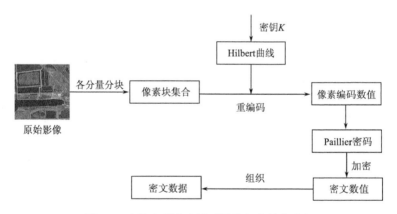

图 4-8　交换密码水印遥感影像加密基本流程

具体的遥感影像加密算法步骤如下：

（1）读取原始数据 D 并分块，得到分块集合 DArray。

（2）给定密钥 K，生成 Hilbert 曲线 H。

（3）根据规则对 DArray 中像元值重组编码得到 RBitArray。

（4）基于 Paillier 密码系统，加密重组编码集合 RBitArray，得到相应组的密文数值集合 ERBitArray。加密公式如式（4-38）所示。

$$\mathrm{erb}_i = E(\mathrm{rb}_i, N, g) \tag{4-38}$$

式中，$\mathrm{erb}_i \in \mathrm{ERBitArray}$，$i \in [0, L]$；$L$ 为 ERBitArray 中的元素个数，与 RBitArray

中的个数相同；(N, g) 为算法的公钥。

（5）对 ERBitArray 中的元素 erb_i 进行组织得到密文数据。

解密算法与加密算法互为逆过程，区别在于解密时所用密钥为私钥，具体解密过程可参照加密过程，在这里不再赘述。

2）遥感影像数据数字水印算法

算法基于 Paillier 非对称密码体制的加法同态特性实现密文域水印的嵌入和提取。水印嵌入流程图如图 4-9 所示。

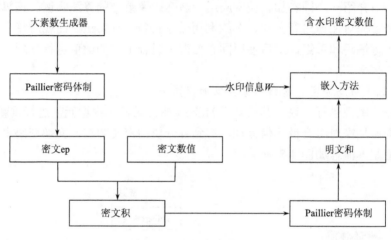

图 4-9　水印嵌入流程图

具体的嵌入规则如下：

（1）由大素数生成器随机生成素数 p，然后通过 Paillier 加密算法对 p 进行加密得到 $\text{ep} = P(p, N, g)$，式中，$P(\cdot)$ 为加密方法；(N, g) 为算法的公钥。

（2）计算待嵌入水印的密文数值 ev_i 与 ep 的乘积，计算得到 emv_i，计算方法如式（4-39）所示。

$$\begin{aligned} E(m_1) \cdot E(m_2) &= (g^{m_1} r_1^N) \cdot (g^{m_2} r_2^N) \bmod N^2 \\ &= g^{m_1 + m_2} \cdot (r_1 r_2)^N \bmod N^2 = E(m_1 + m_2) \end{aligned} \tag{4-39}$$

（3）用私钥对 emv_i 进行解密，得到两个数的明文和 $\text{mv}_i = \text{DP}(\text{emv}_i, \lambda)$，式中，DP 为 Paillier 的解密操作；$\lambda$ 为解密的私钥。

（4）根据奇偶原则及当前水印值，通过修改密文数值来嵌入水印信息，具体规则如式（4-40）所示。

$$\text{ev}_i' = \begin{cases} \text{ev}_i & \text{mv}_i \bmod 2 = w_j \\ \text{ev}_i \cdot P(1, N, g) & \text{mv}_i \bmod 2 \neq w_j \end{cases} \tag{4-40}$$

式中，ev_i' 为嵌入水印后的密文值；w_j 为待嵌入的水印值，其值为 0 或者 1；$\mathrm{mod}(\cdot)$ 为余数。

（5）对所有密文数值集合 EV 中的元素进行水印嵌入，最后得到嵌入水印的密文数据。

水印提取是水印嵌入算法的逆过程，此处不再赘述。

4.3.3 基于特征不变量的地理信息交换密码水印

1. 算法基本思想

基于特征不变量的交换密码水印研究较少，且多是基于各数据的格式特征或数据特征设计，本节将首先从理论讲解此类算法。具体来说，设对原始数据 D 存在一个特征 F，特征 F 由原始数据 D 经由特征函数 f 计算出，即

$$F = f(D) \tag{4-41}$$

而交换密码水印中的加密函数 EN 要求能保持特征 F 不变，即

$$f(D) = f[\mathrm{EN}(D)] \tag{4-42}$$

换言之，加密函数 EN 可视为对特征函数"透明"，即无论加密函数 EN 是否作用于数据中，都不影响特征函数的计算结果，则水印 W 可嵌入在特征 F 上。EM 表示水印的嵌入操作，即

$$\mathrm{EM}(D,W) = \mathrm{EM}(F,W) = \mathrm{EM}[f(D),W] \tag{4-43}$$

同理，水印提取的时候也从嵌入水印的特征 F 提取，EX 表示水印的提取操作，即

$$W = \mathrm{EX}(F') = \mathrm{EX}[f(D')] \tag{4-44}$$

2. 算法理论模型及框架

基于特征不变量的地理信息交换密码水印模型可在借鉴通用的基于不变特征交换密码水印模型的基础上，根据地理信息数据的特征建立交换密码水印模型。

设地理信息数据的不变特征为 G，G 由坐标点或像素值 $V_i(x_i, y_i)(i=1,2,\ldots)$ 通过函数 g 计算得出，即

$$G = g(V_i) \tag{4-45}$$

存在一种加密方法 EN，K_1 为水印密钥，使得 G 中的某一个映射 f 的值域不变，即满足

$$f[\mathrm{EN}(G,K_1)] = f(G) \tag{4-46}$$

则加密过程满足

$$EN(G, K_1) = EN[G - f(G), K_1] + f(G) \tag{4-47}$$

设下标 e 表示加密，下标 w 表示嵌入水印，K_2 表示解密密钥。对于解密方法 DE 和加密后的几何要素特征 G_e 具有类似的关系，即

$$f[DE(G_e), K_2] = f(G_e) \tag{4-48}$$

水印嵌入域 G 在映射 f 下的值域为

$$G_w = EM(G, W) = EM[G - f(G) + f(G), W] = G - f(G) + f_w(G) \tag{4-49}$$

式中，$f_w(G)$ 为嵌入水印后的值域；G_w 为嵌入水印的结果；EM 为水印的嵌入过程；EX 为水印的提取过程；W 为水印信息。从 G_w 中提取出水印的公式为

$$W = EX(G_w) = EX[G - f(G) + f_w(G)] = EX[f_w(G)] \tag{4-50}$$

则对于先嵌入水印后加密的过程可表达为

$$G_{we} = EN[EM(G, W), K_1] \tag{4-51}$$

先加密后嵌入水印的过程可表达为

$$G_{ew} = EM[EN(G, K_1), W] \tag{4-52}$$

将式（4-47）和式（4-49）代入式（4-51）得

$$\begin{aligned} G_{we} &= EN(G_w, K_1) \\ &= EN[G - f(G) + f_w(G), K_1] = EN[G - f(G), K_1] + f_w(G) \end{aligned} \tag{4-53}$$

将式（4-49）和式（4-50）代入式（4-53）得

$$G_{ew} = EM(EN(G - f(G), K_1) + f(G)) = EN(G - f(G), K_1) + f_w(G) \tag{4-54}$$

由式（4-53）和式（4-54）得

$$G_{we} = G_{ew} \tag{4-55}$$

式中，EN 为加密过程；DE 为解密过程；K_1 为加密密钥；K_2 为解密密钥。即对地理信息数据某特征 G，先加密后嵌入水印与先嵌入水印后加密得到的结果一致，由此可证明基于特征的交换密码水印模型在水印嵌入和加密的可交换性。

而先解密后提取水印的过程可表达为

$$EX(DE(G_{we}, K_2)) = EX(DE\{EN[G - f(G), K_1] + f_w(G), K_2\}) \tag{4-56}$$

根据加密和解密的定义有

$$DE[EN(G, K_1), K_2] = G \tag{4-57}$$

且

$$DE[f_w(G), K_2] = f_w(G) \tag{4-58}$$

则式（4-56）可变为

$$EX[DE(G_{we}, K_2)] = EX[G - f(G) + f_w(G)] \tag{4-59}$$

代入式（4-50）可得

$$\text{EX}[\text{DE}(G_{we}, K_2)] = W \tag{4-60}$$

而从密文中直接提取水印的过程可表达为

$$\text{EX}(G_{we}) = \text{EX}\{\text{EN}[G - f(G), K_1] + f_w(G)\} \tag{4-61}$$

同理根据式（4-50）可得

$$\text{EX}(G_{we}) = \text{EX}[f_w(G)] = W \tag{4-62}$$

由式（4-60）和式（4-62）可知，从密文状态下直接提取水印或者是先解密再提取水印，均能成功提取水印信息 W，表明解密和提取水印的操作具有可交换性。

3. 基于特征不变量的矢量地理数据交换密码水印算法

本节从矢量地理数据坐标数据集特征出发，讲解一种基于坐标集合不变性的矢量地理数据交换密码水印算法。

1）矢量地理数据置乱加密算法

将要素 A 的各个点位的 X 与 Y 坐标分别按照特定的数学变换规则，置乱变换得到新的顺序，然后重新组合，形成置乱数据 B。置乱加密原理如图 4-10 所示。

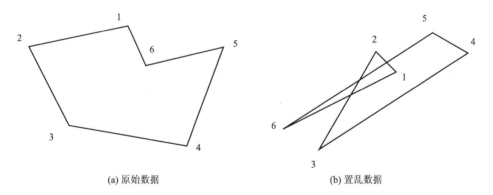

(a) 原始数据　　　　　　　　　　　(b) 置乱数据

图 4-10　置乱加密原理

对 X 与 Y 坐标数据分别进行置乱加密具体步骤如下：

（1）遍历要素中的坐标集合，获取 X 坐标集合序列 $\{\text{PX}_n \mid n = 1, 2, \cdots, n\}$ 和 Y 坐标集合序列 $\{\text{PY}_n \mid n = 1, 2, \cdots, n\}$。

（2）根据密钥中记录的参数以一维改进型 Tent 映射算法进行 N_x 和 N_y 次迭代后生成 X 与 Y 坐标序列的置乱混沌序列 $\{\text{CX}_n \mid n = 1, 2, \cdots, n\}$ 和 $\{\text{CY}_n \mid n = 1, 2, \cdots, n\}$。

（3）对置乱混沌序列进行整数化处理，将其转化为 $(0, N]$ 的整数序列，有

$$\text{RcX}_n = \lfloor N * cX_n \rfloor \bmod N + 1 \tag{4-63}$$

式中，$\lfloor \ \rfloor$ 为向下取整；RcX_n 为以改进的 Tent 映射生成的混沌序列计算出的加

密置乱序列。同理可得 RcY_n。

（4）利用伪随机序列对 X 坐标集合序列中的第 i 个值与第 RcX_i 个值，根据 i 的顺序正向进行置换，得到置乱后的 X 坐标集合 $\mathrm{P'X}_n$，同理可获得置乱后的 Y 坐标集合 $\mathrm{P'Y}_n$。

（5）将置乱后的 X 与 Y 坐标集合重新组合，以 $(\mathrm{P'X}_n, \mathrm{P'Y}_n)$ 的顺序重新构建地理空间要素，得到置乱后的矢量地理空间数据。

相应的解密算法为加密算法的逆过程，具体过程参照加密过程，在这里不再赘述，需要注意的地方是解密时用的是私钥进行解密。

2）矢量地理数据集合不变性水印算法

通过对矢量地理数据进行置乱加密，其内部空间顺序被破坏，导致数据不再可用。虽然 X 与 Y 坐标数集在加密前后保持不变，但数据仍需要进行重排序，因此在嵌入水印时需要选择对数据顺序相对不敏感的水印嵌入方法。其中，归一化水印方法是一种较为适合的方案。该方法基于最小最大值归一化，将水印信息嵌入归一化的值中，并利用数据归一化的平移和缩放不变性来实现水印信息的鲁棒性。具体步骤如下。

（1）对重排列后的 SX_n，通过归一化映射为在区间 $[0,1]$ 中的值 $\mathrm{S'X}_n$，有

$$\mathrm{S'X}_n = \frac{\mathrm{SX}_n - \mathrm{SX}_{\min}}{\mathrm{SX}_{\max} - \mathrm{SX}_{\min}} \tag{4-64}$$

式中，$\mathrm{S'X}_n$ 为进行归一化后得到的位于区间 $[0,1]$ 中的序列；SX_n 为坐标重排列后的数据；$\mathrm{SX}_{\min}$ 为 SX_n 中的最小值；$\mathrm{SX}_{\max}$ 为 SX_n 中的最大值。

同理可获得 $\mathrm{S'Y}_n$，有

$$\mathrm{S'Y}_n = \frac{\mathrm{SY}_n - \mathrm{SY}_{\min}}{\mathrm{SY}_{\max} - \mathrm{SY}_{\min}} \tag{4-65}$$

（2）将待嵌入的水印信息二值化获得 0-1 序列 W_i。

（3）在待嵌入水印位 $Q = 0.1^k$ 中根据奇偶映射嵌入水印，有

$$\mathrm{S''X}_n = \begin{cases} \mathrm{S'X}_n + Q & (\mathrm{S'X}_n \cdot 10^k)\,\mathrm{mod}\,2 = 1 \text{ 且 } W_n = 0 \\ \mathrm{S'X}_n & (\mathrm{S'X}_n \cdot 10^k)\,\mathrm{mod}\,2 = 1 \text{ 且 } W_n = 1 \\ \mathrm{S'X}_n & (\mathrm{S'X}_n \cdot 10^k)\,\mathrm{mod}\,2 = 0 \text{ 且 } W_n = 0 \\ \mathrm{S'X}_n + Q & (\mathrm{S'X}_n \cdot 10^k)\,\mathrm{mod}\,2 = 0 \text{ 且 } W_n = 1 \end{cases} \tag{4-66}$$

式中，$\mathrm{S''X}_n$ 为水印嵌入后的数据。

同理对 $\mathrm{S'Y}_n$ 操作可重复嵌入水印。

（4）对嵌入水印的归一化数据进行逆归一化获得嵌入水印后的地理坐标数据，有

$$AX_n = S''X_{min} + (S''X_{max} - S''X_{min}) \cdot S''X_n \tag{4-67}$$

式中，AX_n 为进行逆归一化后得到的坐标值；$S''X_{min}$ 为 SX_n 中的最小值；$S''X_{max}$ 为 SX_n 中的最大值。

同理，有

$$AY_n = S''Y_{min} + (S''Y_{max} - S''Y_{min}) \cdot S''Y_n \tag{4-68}$$

水印提取算法是水印嵌入算法的逆过程，是将嵌入在矢量地理数据中的水印信息重新提取出来，此处不再赘述。

4.4　算　法　评　价

如何判断矢量地理数据交换密码水印模型或者算法设计的优劣，对其进行科学有效的评价，是矢量地理数据交换密码水印研究的一个重要问题，目前尚未有单一的指标可以度量交换密码水印的综合性能。考虑到交换密码水印涉及密码学和数字水印两种技术，因此对于矢量地理数据交换密码水印进行评价时，可以沿用密码学和数字水印的相关评价指标和方法综合展开，评价指标主要包括可交换性、安全性、鲁棒性、不可感知性和精度可用性等。

第 5 章　访问控制技术

访问控制技术是一种主动预防型安全技术，它在身份识别的基础上，根据身份对资源访问的权限加以控制。访问控制技术是计算机保护中极其重要的一环，并被广泛使用。由于地理空间数据使用场景、数据组织、保密需求等的特殊性，地理信息访问控制策略也与传统策略有所区别。本章阐述了访问控制技术的基本概念，介绍了几种经典的访问控制技术，重点讨论了针对地理空间数据的访问控制策略，并给出了一个矢量地理数据分级访问控制模型实例。

5.1　访问控制技术概述

5.1.1　访问控制技术的基本概念

访问控制技术是计算机安全领域中的一个重要概念，它是指通过限制用户或应用程序对计算机系统、应用程序、网络和数据的访问，以确保系统的安全性和保密性。访问控制是一种用于限制用户或应用程序对计算机系统、应用程序、网络和数据访问的机制。它可以防止未经授权的访问、修改或破坏敏感数据。访问控制可以在多个层次上进行实现，包括物理层、操作系统层、应用程序层和网络层等。

在访问控制（access control，AC）中，实体、主体和客体是三个重要的概念，用于描述参与访问控制的各个角色和资源。

实体（entity）是指在访问控制系统中存在的可以被识别和操作的对象，通常可以是用户、进程、应用程序、设备等。实体可以通过其身份信息（如用户名、用户 ID、角色等）进行识别和区分。

主体（subject）是指在访问控制系统中进行访问请求的实体，也可以称为访问主体或访问者。主体可以是用户、进程、应用程序等，其通过发出请求来获取对资源的访问权限。主体的行为和权限通常受到访问控制策略和规则的限制。

主体可以具有不同的属性，如身份信息、角色、权限、属性等，这些属性可以用来确定其访问权限。主体可以请求执行某些操作，如读取、写入、修改、删除等，这些操作将在访问控制系统中进行授权和审批。

客体（object）是指在访问控制系统中被访问的资源，也可以称为资源对象、访问对象或目标对象。客体可以是文件、数据库、网络服务、设备、应用程序等，其包含了需要受到保护的信息或功能。

客体可以具有不同的属性，如文件类型、文件大小、数据内容、访问权限等，这些属性可以用来定义访问控制策略和规则。客体在访问控制中通常被分类为不同的安全级别或安全域，以便对其进行不同级别的保护。

在访问控制中，主体通过请求访问客体来执行特定的操作，如读取、写入、修改等。主体的请求必须符合访问控制策略和规则，以便在授权和审批过程中判断是否允许该访问请求。一旦访问请求被授权，主体将获得对客体的访问权限，从而可以执行请求的操作。

实体、主体和客体之间的关系通常由访问控制模型来定义和管理。访问控制模型规定了在访问控制系统中如何处理主体对客体的请求，以及如何授权和审批这些请求。不同的访问控制模型具有不同的机制和策略，以满足不同组织的安全需求。

除了实体、主体和客体之间的关系外，访问控制还涉及其他概念，如控制策略、权限、授权、域、认证和审批。

控制策略（control policies）是访问控制中定义的一系列规则、策略和措施，用于管理和控制主体对客体的访问权限。控制策略旨在确保只有经过授权的主体可以访问其需要的客体，并阻止未经授权的主体访问敏感信息或资源。控制策略是访问控制的核心，对于确保信息系统的安全性和合规性至关重要。控制策略通常由组织的安全政策和安全需求来定义和制定，可以包括访问控制模型、授权规则、访问控制列表、角色和权限管理、审批流程等内容。

权限（permission）是指主体在访问控制系统中被授予的操作权限，如读取、写入、修改、删除等。权限通常与客体相关联，定义了主体对客体的操作能力。

授权（authorization）是访问控制中的一个重要概念，指的是主体获得访问客体的权限。授权规则定义了哪些主体被允许对哪些客体进行什么样的操作。授权可以基于用户身份、角色、属性、时间、位置等多种因素进行设置，以确保主体只能访问其授权范围内的客体，并限制其权限以最小化安全风险。授权的实施通常通过访问控制模型、访问控制列表（access control list，ACL）、角色和权限管理等方式进行。

域（domain）通常指的是一组相互关联的主体和客体的集合。域可以是一个组织、一个部门、一个系统、一个网络等，可以包含多个主体和客体。域通常具有一定的管理和控制边界，内部的主体和客体之间的访问需要遵循特定的访问控制策略。域可以是物理的或逻辑的，可以根据组织的需求和安全架构进行划分和管理。域的划分和管理对于实现合理的访问控制和确保信息系统的安全性和合规性至关重要。

认证（authentication）是指确认主体的身份信息，以确保主体是合法的用户或进程。认证通常涉及身份验证的过程，如用户名和密码、证书、生物识别等。

审批（approval）是指对访问请求进行审查和批准的过程。审批通常涉及访问控制管理员或审批者对访问请求进行审核，并根据访问控制策略和规则来决定是否批准该请求。

这些概念在访问控制中密切相关，共同构成了访问控制的基本框架和机制。通过合理定义和管理实体、主体和客体之间的关系，设置适当的权限和授权策略，进行有效的认证和审批，组织可以实现对信息和资源的有效保护，从而确保系统的安全性和可靠性。

5.1.2　访问控制的实现机制

1. 目录表

访问控制的目录表是一种用于管理和控制访问权限的数据结构，通常由系统管理员或授权用户创建和维护。目录表记录了系统中的资源对象（如文件、文件夹、数据库等）及其对应的访问权限信息，包括用户或用户组对资源的访问权限设置。

目录表通常包含：资源对象标识符，用于唯一标识资源对象的标识符，如文件名、文件夹路径、数据库表名等；访问权限信息，记录资源对象的访问权限信息，包括允许或禁止访问的用户或用户组、对资源的操作权限（如读、写、执行等）、访问控制策略等；用户或用户组信息，记录了系统中的用户或用户组的信息，包括用户或用户组的标识符、属性、角色等；访问控制策略，定义了访问控制的规则和策略，用于控制用户或用户组对资源对象的访问权限。访问控制策略通常包括访问控制规则、安全属性、安全策略等；审计日志，记录了对资源对象的访问控制操作日志，包括谁在什么时间对资源进行了什么操作，用于审计和追溯访问控制操作。

目录表的维护和管理由系统管理员或授权用户进行，包括创建、删除、修改和查询资源对象的访问权限信息，并根据访问控制策略对用户或用户组进行授权或撤销权限。目录表的设计和管理对于实现有效的访问控制至关重要，可以帮助保护系统资源的安全和保密性，防止未经授权的访问和操作。

目录表访问控制机制具有简化的权限管理、灵活的权限控制、易于审计与追溯和可扩展性等优势。目录表作为一种集中管理和控制访问权限的数据结构，可以将权限管理集中在一个地方，便于管理员进行权限的管理和维护。通过目录表，管理员可以方便地为不同的资源对象分配不同的访问权限，对用户或用户组进行授权或撤销权限，从而简化了权限管理的复杂性。此外，目录表访问控制机制可以根据实际需求和安全策略进行灵活的权限控制。管理员可以根据不同的资源对象、用户或用户组，设置不同的访问权限，包括读、写、执行等操作，从而精确地控制用户对资源的访问权限。这种灵活的权限控制可以确保用户只能访问其需要的资源，从而降低信息泄露和数据泄露的风险。

目录表通过记录访问控制操作的审计日志，包括谁在什么时间对资源进行了什么操作，这样可以方便地进行审计和追溯，帮助管理员监控和检测潜在的安全风险。审计日志可以用于识别潜在的安全威胁，追溯访问控制操作的责任人，并为合规性要求提供必要的证据。

目录表访问控制机制的缺点主要在于其复杂性，即目录表访问控制机制通常需要管理员进行复杂的权限配置和管理。对于大规模的系统或复杂的访问控制策略，权限管理可能变得烦琐和复杂，容易出现错误和遗漏，从而导致安全漏洞。除此之外，目录表访问控制机制缺乏细粒度的权限控制，且依赖于管理员的配置。

目录表访问控制机制在简化权限管理、灵活性和可扩展性方面具有优点，但在复杂性、细粒度权限控制、权限策略和管理员配置等方面存在一些缺点。因此，在设计和实施目录表访问控制机制时，需要仔细考虑系统需求和安全策略，并进行合理的配置和管理。

2. 访问控制列表

访问控制列表是一种用于定义资源访问权限的权限管理机制。访问控制列表是一种权限模型，用于规定谁可以访问资源（如文件、文件夹、网络资源等）及以何种方式进行访问。它是一种将权限与资源关联起来的数据结构，通常以列表的形式存储在资源的元数据中，用于在访问请求时进行权限验证。

访问控制列表包含了一系列的访问规则，每个规则都定义了对资源的访问权限，包括允许或拒绝访问的操作（如读、写、执行等）、访问的主体（用户、用户组、角色等）及访问权限的限制条件（如时间、位置等）。当访问请求到达时，系统会根据访问控制列表中定义的规则进行匹配，以确定请求的主体是否有足够的权限来执行相应的操作。

访问控制列表可以灵活地定义各种权限控制策略，包括基于用户、用户组、角色、资源对象等的权限控制。访问控制列表可以根据需求进行动态的添加、删除和修改，从而实现灵活的权限管理。同时，访问控制列表也可以支持细粒度的权限控制，如文件或文件夹级别的权限控制，从而满足不同场景下的安全需求。

在实际应用中，访问控制列表通常由系统管理员进行配置和管理。管理员可以根据系统需求和安全策略，定义访问控制列表规则，授权或限制用户或用户组对资源的访问。用户或用户组在访问资源时，系统会根据访问控制列表规则进行权限验证，从而决定是否允许访问。

3. 访问控制矩阵

访问控制矩阵是一种用于描述资源和主体之间访问权限的数据结构。它以矩阵的形式呈现，其中资源在行中表示，主体在列中表示，矩阵中的每个元素表示资源和主体之间的权限关系。访问控制矩阵可以清楚地显示系统中各个资源和主体之间的访问权限，从而实现对资源访问的全面控制。

访问控制矩阵通常是一个二维表格，每一行表示一个资源，每一列表示一个主体。矩阵中的每个单元格包含了资源和主体之间的权限信息，通常用符号或数字表示不同的权限状态，如允许访问、拒绝访问、未定义等。这些权限状态可以表示资源的不同操作，如读取、写入、执行等。访问控制矩阵如表 5-1 所示。

表 5-1 访问控制矩阵

	资源 1	资源 2	资源 3	资源 4
用户 1	×	—	×	—
用户 2	—	×	—	×
用户 3	×	×	—	—
用户 4	—	—	×	×

表 5-1 中的行表示不同的用户，列表示不同的资源。表格的交叉点处，可以用"×"或其他符号表示用户对资源的访问权限，"—"表示无权限。访问控制矩阵可以清晰地显示不同用户对不同资源的访问权限情况，用于管理和控制用户的访问权限。

访问控制矩阵可以用于表示系统中的所有资源和主体之间的访问权限关系，包括文件系统中的文件和文件夹、数据库中的表和记录、网络中的节点和端口等。通过对访问控制矩阵的配置和管理，系统管理员可以灵活地定义和控制不同主体对不同资源的访问权限。系统的保护状态如表 5-2 所示。

表 5-2 系统的保护状态

	文件 A	文件 B	进程 1	进程 2
用户 1	可读	不可访问	可执行	不可执行
用户 2	可写	可读	不可执行	可执行
用户 3	不可访问	可写	可执行	不可执行

表 5-2 中的行表示不同的主体（用户），列表示不同的客体（文件、进程），表格的交叉点处，可以用"可读"、"可写"、"可执行"和"不可访问"等表示主

体对客体的权限状态。通过主体、客体权限状态表格,可以清晰地了解不同主体对不同客体的权限控制情况,有助于评估系统的访问控制策略和权限管理。

4. 访问控制能力表

访问控制能力表是一种用于描述主体(用户、进程等)对客体(文件、资源等)的权限能力的数据结构。它通常以矩阵的形式表示,其中行表示主体,列表示客体,矩阵中的每个元素表示主体对客体的权限能力。

访问控制能力表描述了主体对客体的权限控制情况,包括主体能够执行的操作(如读、写、执行)、对客体的访问级别(如可读、可写、可执行、不可访问)及可能的访问控制规则或策略。通过访问控制能力表,可以实现对系统资源的细粒度访问控制,确保主体只能访问其被授权的客体,从而确保系统的安全性和机密性。

访问控制能力表通常由系统管理员或安全管理员进行配置和管理,根据系统的安全策略和权限需求进行定义和更新。在实际应用中,访问控制能力表可以根据不同的安全需求和访问控制模型进行灵活调整,以实现适合具体系统的访问控制策略。

5. 访问控制安全标签列表

访问控制安全标签列表是一种用于描述主体(用户、进程等)和客体(文件、资源等)的安全标签的数据结构。它通常以列表的形式表示,其中包含主体和客体的安全标签信息。

安全标签是一种用于表示主体和客体的安全属性或标识符,用于识别和限制主体对客体的访问权限。安全标签可以包含多个属性,如主体的身份认证信息、访问级别、安全分类、安全级别、安全组等。访问控制安全标签列表中的每一项表示一个主体和对应的安全标签,用于描述该主体在系统中对各个客体的访问权限。

访问控制安全标签列表通常由系统管理员或安全管理员进行配置和管理,根据系统的安全策略和权限需求进行定义和更新。在实际应用中,访问控制安全标签列表可以与其他访问控制模型(如访问控制矩阵、访问控制能力表)结合使用,以实现更加复杂和细粒度的访问控制策略。访问控制安全标签列表如表 5-3 所示。

表 5-3 访问控制安全标签列表

用户	安全标签
用户 1	标签 A
用户 2	标签 B
用户 3	标签 C

表 5-3 中的行表示不同的主体（用户），列表示对应的安全标签。安全标签可以是系统预定义的或根据实际需求自定义的，用于描述主体的安全属性。通过访问控制安全标签列表，系统管理员可以根据实际需求配置主体的安全标签，从而实现对系统资源的安全访问控制。

6. 访问控制权限位

访问控制权限位也称为权限掩码或权限标志，是一种用于在操作系统或文件系统中表示文件或资源访问权限的二进制位。它通常作为文件或资源的一部分，用于控制用户或进程对文件或资源的操作和访问权限。

访问控制权限位一般是由一组二进制位组成，每个位表示一种权限或访问操作，如读取、写入、执行等。不同的操作系统或文件系统可能有不同的访问控制权限位定义，但通常包括以下一些常见的权限位：

（1）读取权限（read），表示用户或进程是否允许读取文件或资源的内容。

（2）写入权限（write），表示用户或进程是否允许修改文件或资源的内容。

（3）执行权限（execute），表示用户或进程是否允许执行文件或资源的代码。

（4）删除权限（delete），表示用户或进程是否允许删除文件或资源。

（5）创建权限（create），表示用户或进程是否允许创建新文件或资源。

（6）修改权限（modify），表示用户或进程是否允许修改文件或资源的属性或权限。

（7）查看权限（list），表示用户或进程是否允许查看文件或资源的属性或权限。

（8）所有者权限（owner），表示文件或资源的所有者是否具有特定的权限。

（9）组权限（group），表示文件或资源所属的组是否具有特定的权限。

（10）其他用户权限（others），表示其他用户或进程是否具有特定的权限。

访问控制权限位通过与主体（用户或进程）的权限进行比较，决定用户或进程对文件或资源的操作权限。不同的权限位组合可以实现不同的访问控制策略，从而确保文件或资源的安全性和机密性。系统管理员或资源所有者通常可以配置访问控制权限位，以根据实际需求限制用户或进程对文件或资源的访问权限。

5.1.3　资源访问控制的概念

文件系统访问控制、文件属性访问控制和信息内容访问控制是资源访问控制领域中的三个重要概念，用于保护文件和信息的安全。它们分别用于不同层次和维度的访问控制，从文件系统层面到文件属性层面，再到信息内容层面。

文件系统访问控制是指通过对文件系统中的文件和文件夹进行权限管理，控制用户对文件和文件夹的访问、操作和管理。文件系统访问控制通常由操作系统或文件系统软件实现，通过设置文件和文件夹的权限、访问规则、安全策略等来限制用户对文件系统资源的访问。文件系统访问控制通常涉及用户身份验证、授权、安全策略、审计和监控等方面,用于确保只有经过授权的用户能够访问和操作文件系统资源,从而防止未经授权的访问和操作。

文件属性访问控制是指通过对文件和文件夹的属性设置访问权限,控制用户对文件和文件夹中各个属性的访问和操作。文件属性包括文件的基本属性(如文件名、大小、创建时间、修改时间等)及文件的扩展属性(如文件的标签、注释、版本信息等)。文件属性访问控制可以用于对文件的不同属性设置不同的权限,从而实现对文件各个属性的精细控制。例如,可以设置只有文件所有者可以修改文件的属性,而其他用户只能读取文件的属性。文件属性访问控制通常由文件系统或文件管理软件实现,用于控制用户对文件和文件夹属性的访问和操作。

信息内容访问控制是指通过对文件和文件夹中的信息内容设置访问权限,控制用户对文件和文件夹中的信息内容的访问和操作。信息内容可以包括文件的实际数据、文档的内容、图像数据、音频数据、视频数据等。信息内容访问控制可以用于对文件和文件夹中的信息内容进行细粒度的权限管理,从而实现对信息内容的保护。例如,可以设置只有特定用户组可以访问某个文件的具体内容,而其他用户只能访问文件的摘要或概要信息。信息内容访问控制通常由文件格式、应用程序或数据库系统实现,用于控制用户对文件和文件夹中信息内容的访问和操作。

5.1.4 访问控制技术的应用

访问控制技术广泛应用于各种计算机系统、网络系统、操作系统、数据库系统及其他信息系统中,用于管理和控制用户或进程对系统资源、数据和功能的访问权限。访问控制技术常应用于以下方面。

操作系统访问控制:操作系统通过访问控制技术来管理用户或进程对系统资源的访问权限,如文件系统、设备驱动、进程控制等。操作系统访问控制可以确保用户或进程只能访问其具有权限的资源,从而保护系统的安全性和稳定性。

网络访问控制:网络系统通过访问控制技术来管理用户或设备对网络资源的访问权限,如路由器、交换机、防火墙等。网络访问控制可以实现对网络中不同节点的访问控制,防止未经授权的用户或设备访问网络资源,从而保护网络的安全性和隐私性。

数据库访问控制:数据库系统通过访问控制技术来管理用户或应用程序对数据库中数据的访问权限。数据库访问控制可以精确控制用户或应用程序对数据库中不同表、字段或记录的访问权限,从而保护数据库中的数据安全和隐私。

应用程序访问控制:许多应用程序都包含访问控制功能,用于管理用户对应用程序的不同功能、模块或数据的访问权限。应用程序访问控制可以确保用户只能访问其具有权限的功能和数据，从而保护应用程序的安全性和完整性。

物理访问控制：访问控制技术也可以应用于物理环境中，例如，通过门禁系统、生物识别技术等实现对特定区域、设备或设施的访问控制。物理访问控制可以限制未经授权的人员对物理资源的访问，从而保护物理环境的安全性和保密性。

云计算访问控制：云计算环境中，访问控制技术被广泛应用于管理用户或租户对云服务和资源的访问权限。云计算访问控制可以实现对云服务和资源的精细控制，包括虚拟机、存储、网络等，从而保护云环境中的数据安全和隐私。

访问控制技术可以根据具体的需求和安全要求，灵活地应用于各种信息系统和应用中，以确保系统和数据的安全性、完整性和隐私性。

5.2　经典访问控制技术

传统的访问控制模型有自主访问控制（discretionary access control, DAC）、强制访问控制（mandatory access control, MAC）、基于角色的访问控制（role-based access control, RBAC）和基于属性的访问控制（attribute-based access control, ABAC）。

5.2.1　自主访问控制技术

DAC 允许资源的所有者或数据的拥有者在其资源或数据上自主地定义和管理访问权限，而不是由中央授权机构或管理员来控制。例如，Unix/Linux 操作系统中的文件权限就是一种自主访问控制模型。在 DAC 模型中，资源的所有者具有更大的控制权，可以自主地决定谁可以访问其资源及访问权限的级别，如图 5-1 所示。此场景下，管理员就不需要提供关于访问权限的服务。

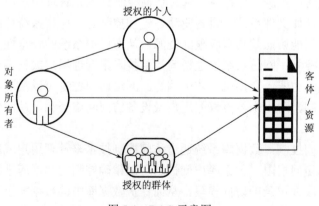

图 5-1　DAC 示意图

　　DAC 通常基于一些预定义的规则、策略或权限设置，由资源的所有者进行管理。资源的所有者可以根据其需求和安全要求，灵活地定义和修改访问权限，包括授权和撤销授权的能力。DAC 可以在不同的应用场景中应用，包括个人计算机、移动设备、云计算、物联网等。

　　DAC 分为两种不同类型：自由型和严格型。自由型 DAC 中，所有者可以将访问权或所有权转让给其他个人，这样他们也可以作为资源的所有者工作。在严格型 DAC 中，访问权仅限于资源的所有者，而所有权仅限于个人。访问控制策略的实施基于三类：资源所有权、用户身份和权限授予。自主访问控制模型是根据资源拥有者的选择和自行决定来进行工作的，所以存在一定的缺陷或限制。因此 DAC 不适合商业和政府组织，它允许用户设置或部署可能导致其遭受特洛伊木马攻击的访问权限。但是，DAC 因其可与不同类型的计算机系统集成而备受欢迎。

5.2.2　强制访问控制技术

　　MAC 对资源的访问是由一组预定义的规则决定的，而不是由个人所有者的自由裁量权决定的。如果一个安全性策略的逻辑与安全属性的分配只能由安全策略管理员进行控制，则此安全性策略称为强制安全性策略。MAC 是根据客体中信息的敏感标签和访问敏感信息的主体的访问等级，对客体的访问实行限制的一种方法。用户被分配到各种安全级别，而客体被分配不同的安全标签，如图 5-2 所示。它主要用于保护特别敏感的数据，通常适用于需要非常严格访问控制的政府或军事环境。

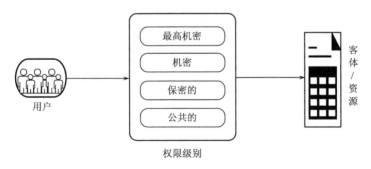

图 5-2　MAC 示意图

　　在 MAC 中，主体和客体都被赋予一定的安全级别，且都是固定不变的，一般主体不能改变自身和客体的安全级别，只有管理员才能确定用户的访问权限。强制访问控制模型通过分级的安全标签实现了信息的单向流动，因此它一直被军方采用，其中最著名的是 Bell-Lapadula 模型和 Biba 模型。Bell-Lapadula 模型具有不允许上读下写的特点，有效地防止了机密信息向下级泄密；Biba 模型则与之刚好相反，不允许下读上写，用于保证数据的完整性。

但 MAC 模型都是预先规定好的，灵活性差，这是该模型的缺点之一。

5.2.3　基于角色的访问控制技术

RBAC 模型通常基于五个不同的实体：客体、操作、权限、角色和用户，如图 5-3 所示。客体被视为资源，如目录、文件或文件夹。此外，操作是可以对客体执行的任务。操作的示例有写入、编辑和删除。权限是客体和操作的组合形式；这样一个权限可以被视为"编辑（操作）和文件.doc（客体）"。操作或客体的任何更改都将被视为新权限。RBAC 的中介和关键实体之一是连接用户和权限的角色。角色是具有各种权限的容器。

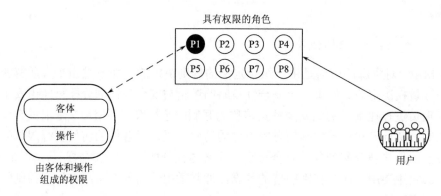

图 5-3　RBAC 示意图

RBAC 将访问权限分配给角色，用户通过扮演不同的角色获得角色所拥有的访问权限。RBAC 从控制主体的角度出发，根据管理中相对稳定的职权与责任来划分角色，将访问权限与角色相联系，再将角色分配给用户，使得角色成为访问主体与客体之间的一座桥梁，这与 DAC 和 MAC 直接将权限授予用户的方式不同。对于解决管理系统中用户数量庞大，权限变动频繁的问题，具有更好的灵活性、方便性和安全性，在大型数据库系统的权限管理中有着广泛的应用。目前最常用的 RBAC 模型为由美国国家标准与技术研究院（National Institute of Standards and Technology, NIST）提出的 NIST RBAC 模型，它被美国国家标准技术局作为 RBAC 领域的标准，其主要由 Flat RBAC 模型、Hierarchical RBAC 模型、Constrained RBAC 模型及 Symmetric RBAC 模型组成。

5.2.4　基于属性的访问控制技术

ABAC 是一个能够提供细粒度的访问控制，具有灵活性和动态性。ABAC 依据访问主体、资源、操作及授权约束环境的属性来实现用户授权的访问控制，如图 5-4 所示。主体属性一般包括：用户 ID、姓名、年龄、部门、职位等；资源属性在不同应用环境下有不同的意义，例如，对于数据库中的资源，资源属性可以是某些字段。而在磁盘中，则可以是某一文件的文件名、创建者、创建时间等；操作属性一般包括读、写、删除、创建等；环境属性通常是用于描述访问控制的上下文，包括访问时间、系统状态等。在基于属性的访问控制模型中，主体是否被允许访问资源，取决于主体属性、资源属性、操作属性及环境属性之间的关系。

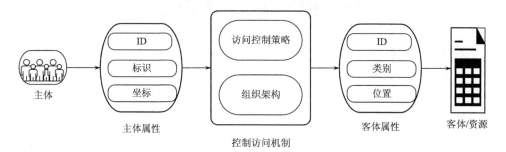

图 5-4　ABAC 示意图

ABAC 授权策略模型定义如下：

（1）S,R,OP,E 分别为主体、资源、操作及环境。

（2）$SA_h(1 \leq h \leq H), RA_j(1 \leq j \leq J), OPA_k(1 \leq k \leq K), EA_m(1 \leq m \leq M)$ 分别为主体属性、资源属性、操作属性及环境属性。

（3）ATTR(S)，ATTR(R)，ATTR(OP)，ATTR(E) 分别为主体属性、资源属性、操作属性及环境属性的分配关系。有

$$ATTR(S) = SA_1 \times SA_2 \times \cdots \times SA_h \quad (5\text{-}1)$$

$$ATTR(R) = RA_1 \times RA_2 \times \cdots \times RA_j \quad (5\text{-}2)$$

$$ATTR(OP) = OPA_1 \times OPA_2 \times \cdots \times OPA_k \quad (5\text{-}3)$$

$$ATTR(E) = EA_1 \times EA_2 \times \cdots \times EA_m \quad (5\text{-}4)$$

（4）策略定义为 $Policy = \{ATTR(S), ATTR(R), ATTR(OP), ATTR(E)\}$，表示在属性为 ATTR(E) 的环境中，允许属性为 ATTR(S) 的主体对属性为 ATTR(R) 的资源进行 ATTR(OP) 操作。

（5）策略判定为

$$can\_do(s,r,op,e) \leftarrow f\left(\{ATTR(S), ATTR(R), ATTR(OP), ATTR(E)\}\right) \quad (5\text{-}5)$$

表示依据策略 $\{ATTR(S), ATTR(R), ATTR(OP), ATTR(E)\}$ 对用户访问请求

(s,r,op,e)进行判定。

通过以上对 ABAC 的策略模型描述,可以看到,ABAC 对访问请求的判定是通过各访问实体的属性进行的,而不是固定的 ID 标识,具有很好的灵活性和可扩展性;而且依据属性对各访问实体描述的详细程度不同,可实现不同粒度的访问控制,为在分布式网络环境下,实现大规模用户动态扩展及细粒度访问控制提供了有效的解决方法。

5.3　地理信息访问控制技术

访问控制的核心思想是通过判断主体对客体的访问是否符合既定的访问控制策略,来允许或拒绝主体的访问,从而达到安全使用资源的目的。可见访问控制策略是保证资源安全使用的关键。但是访问控制策略具有普遍性,而实际问题具有特殊性,如何将策略的普遍性与所要解决的实际问题的特殊性相结合是访问控制的重要问题。因此需要研究针对地理空间数据的访问控制策略。

5.3.1　地理空间数据访问控制策略实施原则

在传统领域安全策略的实施原则主要有最小特权原则、最小泄露原则等。而对于地理空间数据访问控制策略,在遵循以上原则的基础上,还应保证空间几何信息与属性信息相统一的原则及元数据原则。

1. 最小特权原则

最小特权原则是访问控制中应遵循的一条最基本的安全原则。其中最小特权是指在完成某一项操作时,赋予用户必不可少的特权。而最小特权原则则是赋予用户的权限必须是最小特权,以保证因用户恶意或失误操作引起的损失达到最小。因此,系统分配给每一个用户的权限应该是该用户完成其职能的最小权限集合。系统不应赋予用户超过执行任务所需权限之外的任何权限,它能最大限度地限制主体访问客体资源,可避免突发事件、错误和未授权主体带来的安全威胁。

2. 最小泄露原则

最小泄露原则是指主体在执行任务时,按照主体所需要知道的信息最小化的原则分配给主体权限。

3. 空间几何信息与属性信息统一原则

对于地理空间数据特别是矢量地理空间数据,不仅包含空间几何信息,还包含与之对应的用于描述专题特征的属性信息,两者具有一定的一致性,它们是对同一空间对象的统一表达。因此不仅在实施访问控制策略时，需要优先考虑两者的统一性，同时在执行访问判定时，需要设定优先级，从而避免策略冲突。

4. 元数据原则

元数据是用于描述地理空间的数据，它主要包含数据质量、数据生产日期、版权所有者、比例尺或分辨率、数据类型、坐标参考系统等。元数据并不被包含在地理空间数据本身内部，但却又是十分重要的信息。在地理空间数据库中，元数据往往被包含在元数据表中，对海量地理空间数据的查询检索具有重要的作用，因此在访问控制策略实施时必须考虑元数据。

5.3.2　地理空间数据访问控制策略分类

由于地理空间数据包含空间信息比传统信息数据更加复杂，不同的地理空间数据特征，对应不同的访问控制策略。针对矢量地理空间数据特点，可将空间数据访问控制策略分为：基于数据粒度、基于空间关系、基于比例尺、基于范围、基于时间关系及传统策略等六类访问控制策略。本书在其分类基础上，针对地理空间数据访问控制的安全威胁因素，提出以下几类地理空间数据访问控制策略。

1. 基于数据粒度的访问控制策略

粒度是指可以授权给用户的单个数据项的大小，在传统信息安全领域，将数据库的访问控制粒度分为：数据库级、表级、行列级及元素级，其中数据库级与表级称为粗粒度，行列级与元素级称为细粒度。参考上述粒度的划分方式，同时结合空间数据库的逻辑设计，将地理空间数据粒度分为数据库、数据集、数据层、要素、几何对象与属性、几何元素六个层级，其对应的数据粒度逐渐变小。其中，对数据库、数据集、数据层的访问控制称为粗粒度控制，对要素、几何对象与属性的访问控制称为细粒度控制，而对于几何对象中部分几何元素的访问控制称为精细粒度控制。地理空间数据访问控制粒度划分见图 5-5。

1）粗粒度访问控制

粗粒度访问控制是指按照数据库、数据集或数据层对主体进行访问限制。当用户发起访问请求时，访问控制系统将只允许访问被授权的数据库、数据集或数据层，未被授权的将被禁止访问。一个数据层在地理空间数据库中往往对应着一张数据表，因此称为粗粒度访问控制。

2）细粒度访问控制

细粒度访问控制是指在要素、几何对象与属性级别对主体进行访问限制。对于要素的控制有多种方式，可以依据要素的 ID、几何对象与属性信息等。在一般情况下，由于要素的属性信息包含一定的安全语义，如人口密度、矿产储量、上

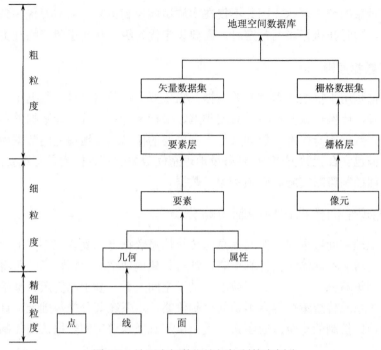

图 5-5　地理空间数据访问控制粒度划分

地利用类型等专题特征，其对应的属性值往往比较敏感，因此更适合于表达对要素的控制。几何对象的控制则是指对要素中整体几何对象的控制。属性控制则是对要素中整体或部分属性字段的控制。一个要素在地理空间数据库中往往对应一条记录，而一个几何对象或属性则对应一个元素，因此称为细粒度访问控制。

　　3）精细粒度访问控制

　　精细粒度访问控制主要是对几何对象中部分几何元素的进一步控制。地理空间对象与传统数据最大区别在于包含空间几何对象，地理空间几何对象特别是线和面对象，本身具有一定的空间范围，当其空间范围与用户授权空间范围存在交集时，就需要将线或面对象进行裁剪，返回授权的交集部分，如图 5-6 所示，其中黑色部分为授权范围。这种控制粒度称为精细粒度访问控制。

2. 基于尺度的访问控制策略

　　地理空间数据具有多尺度的特征，其中尺度可分为时间尺度与空间尺度。时间尺度代表地理空间数据所描述的地理实体所处状态或现象发生的时间，反映了数据的现势性；空间尺度代表矢量数据的比例尺及栅格数据的空间分辨率，反映了地理空间数据的精度。对于地理空间数据而言，数据的现势性越好、精度越高，应用价值就越高，也具有更高的安全级别，这使得尺度特征与访问控制策略密切相关。

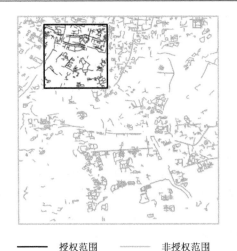

——— 授权范围 ---------- 非授权范围

图 5-6 精细粒度访问控制

1）时间尺度访问控制策略

时间尺度访问控制是指按照地理空间数据时间尺度对主体的访问进行限制。通过设置时间尺度访问控制策略，可限制主体只能访问某一时间点或时间段的地理空间数据。

2）空间尺度访问控制策略

空间尺度访问控制是指按照地理空间数据的比例尺或空间分辨率对主体的访问进行限制。通过设置空间尺度访问控制策略，可限制主体只能访问某一空间尺度或尺度范围内的地理空间数据。

3. 基于空间关系的访问控制策略

空间关系主要用于描述空间对象之间的位置关系，是地理空间数据的一个主要特征，可分为拓扑关系、度量关系及顺序关系。其中拓扑关系、度量关系与控制主体对空间数据的访问范围密切相关，往往被用于表达空间范围约束的策略。例如，允许主体访问在某一范围内的地理空间数据。其中"在……内"就是一种拓扑关系，而其中的"某一范围"称为参考对象。空间关系与参考对象共同组成了对主体访问范围的限制。参考对象可以是一个进行逻辑表达的空间实体，例如，机场可被逻辑表达为一个面空间对象，道路可被逻辑表达为一个线空间对象等，也可以是一个直接给定的空间几何对象。而空间关系则包括相交、包含、邻接等拓扑关系，以及距离、周长、面积等度量关系。根据参考对象的空间位置状态，可将基于空间关系的访问控制策略分为静态空间关系访问控制策略与动态空间关系访问控制策略。

1）静态空间关系访问控制策略

静态是指空间位置固定不变的参考对象，例如，在较长时期内空间位置相对不变的行政区界、道路、机场及给定的具有固定空间位置的空间几何等，与空间关系所构成的空间约束范围也将固定不变。这样，用户将只允许访问固定空间范围内的地理空间数据。

2）动态空间关系访问控制策略

动态是指空间位置随时会发生变化的参考对象，例如，随用户的移动而不断变化的用户位置，与空间关系所构成的空间约束范围也将动态变化。例如，某一策略要求用户只能访问距离用户位置 1 千米范围内的地理空间数据。这样当该用户进行访问时，将只能访问距离户位置 1 千米范围内的数据且该约束范围将随着用户位置的移动而发生变化。

4. 其他的访问控制策略

其他的访问控制策略则是指传统的访问控制策略，它们是对以上地理空间数据访问控制策略的有效补充。其策略制定的主要依据是与用户相关的信息，如用户访问时间、地点、访问次数、访问期限等。通过这些策略可以限制用户只能在固定的时间段或固定的空间位置进行访问，且能控制用户的访问次数及对地理空间数据的使用期限。

5.3.3　地理空间数据访问控制策略的选择

在实际应用过程中，以上所述的策略往往不是单独执行，而是几种或者多种的访问控制策略的结合。因此在选择策略组合时，需要考虑实际问题的安全需求，访问控制实施的成本及策略执行的效率等因素。

对于地理空间数据文件的访问控制，首先需要设置一套外部保护程序，同时考虑用户对文件的使用习惯，以及访问控制的效率。而基于空间关系的访问控制策略，不仅不适合传统的访问控制列表或访问控制矩阵的存储形式，而且在执行过程中还包含空间运算，这些都严重影响了策略的执行效率。因此，在选择控制策略时，应尽量避免采用基于空间关系的访问控制策略，而是遵循最小特权与最小泄露原则；选择细粒度的访问控制策略与传统访问控制策略结合，不仅能限制用户的访问内容，也能控制数据的使用次数与使用期限，保证地理空间数据文件的安全性与可控性。

对于地理空间数据库的访问控制，由于其包含海量的地理空间数据，比单文件具有更高的安全需求，而且地理空间数据库本身具有一套提高空间数据访问效率的空间索引技术，在选择控制策略时，可以考虑以上多种策略相结合的访问控制方式。

5.3.4　矢量地理数据分级访问控制模型

本节介绍一种矢量地理数据分级访问控制模型（hierarchical access control for vector geospatial data，VGD-HAC），对模型中的元素进行归类并重定义，明确细粒度的分级方法，并以此为基础制定访问控制策略，提出访问控制流程，最终对模型的特性进行分析。

1. 矢量地理数据访问控制模型

1）自主访问控制（DAC）

DAC 的最大特点是根据不同的访问主体去查找其对应的访问权限，且权限可被二次授权给其他主体。而权限的授予和变更则是由访问控制列表完成。在执行访问控制策略的过程中，会首先查找访问主体是否在客体所持有的访问列表中，若列表中存在该主体，则允许访问，否则拒绝访问。

与普通的电子文档相比，矢量地理数据具有空间位置特征和数据时效特征。为了增强对数据访问主体的约束，需要进行扩展，以限制其对矢量地理数据的访问区域和访问时间。

如图 5-7 所示，在规定的访问时间内，当主体具有某区域的访问权限时才能够正常进行浏览或其他操作，反之则拒绝，而图 5-7（a）就相当于一个访问控制列表。一方面，该主体可以将其拥有的访问区域和访问时间授权给别的主体，若权限授权给了未通过身份验证或不可信的主体，则难以进行控制，将会给内网数据安全带来隐患；另一方面，伴随着接入系统人员的不断增多、人员权限的变更

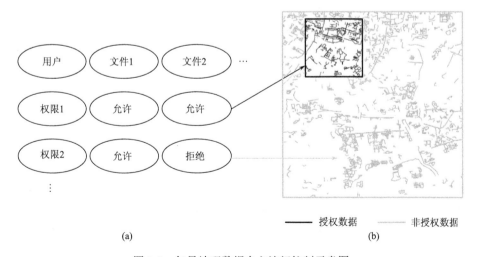

(a)　　　　　　　　　　　　　　　　(b)

图 5-7　矢量地理数据自主访问控制示意图

或系统资源的增多，单一的 DAC 扩展模型难以满足系统开销，使得权限的管理更为复杂。

2）强制访问控制（MAC）

MAC 的提出弥补了 DAC 模型中权限过于分散的缺陷。在该模型中，访问主体和访问客体都具有唯一表示自身等级的安全标签，通过比较双方安全标签的关系来决定主体是否具有客体的访问权限。而这种粗粒度的安全标签并不完全适用于矢量地理数据，可对安全标签进行扩展，使其应用于地理空间要素中。改进后的矢量地理数据安全标签示意图如图 5-8 所示。主要的改变是将地理空间要素按照权限进行划分，用户权限越高表示其可访问的数据越多。改进后的矢量地理数据安全标签通过扩展安全标签的标识范围，对可访问区域内的矢量地理数据完成要素级的标记，为实现细粒度的访问控制奠定基础。

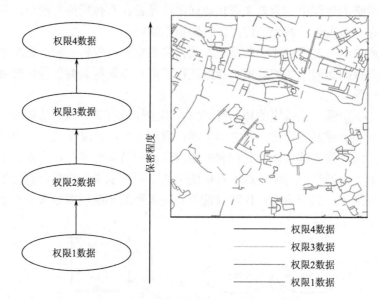

图 5-8*　矢量地理数据安全标签示意图

3）基于角色的访问控制（RBAC）

由于 DAC 模型权限较分散和 MAC 模型权限可管理性较弱，RBAC 模型得到了大力发展，并成为当前矢量地理数据访问控制中使用较为广泛的权限设计模型。RBAC 模型如图 5-9 所示。由图 5-9 可知，在该模型中，用户所具有的权限并不会直接授予用户本身，首先会将权限指派给角色，再根据用户需要，指派相应的角色，这样就使得用户在某次会话中，间接获取了某类权限。其中，"角色"可

---

* 彩图请扫描封底二维码浏览，后同。

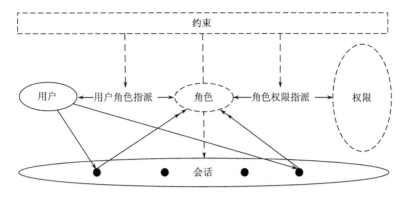

图 5-9　RBAC 模型

以抽象为一系列权限的集合,通过分析实际场景中较为稳定的权限与义务的对应关系来抽取角色。该概念的提出解决了实际使用中用户基数过大而导致的用户权限分配复杂、无法及时变更用户权限的问题,提高了权限设置的灵活性。RBAC模型的优势在于对主体的权限分配进行了优化,劣势在于忽视了客体自身的特点及访问环境的动态性,未充分考虑矢量地理数据的时空属性,且未将主体的操作行为纳入考虑范围,无法满足细粒度的访问控制需求。

4)基于属性的访问控制(ABAC)

如何依据访问控制主体、客体、用户的操作和环境上下文,制定访问控制策略,完善矢量地理数据访问控制模型,控制数据在用户之间的安全流通,是当前矢量地理数据访问控制研究的重点。ABAC 为实现上述想法提供了新思路。在ABAC 中,所有的访问策略都围绕属性进行制定,仅当在特定环境下,满足约束条件的主体对具有某种属性的客体进行特定的操作才能够获取权限,进一步细化了访问控制的粒度。

通过上述对访问控制模型的分析,可将模型中的优势元素进行抽象,并分层归类,作为各层级的固有属性,方便同类型元素的管理。同时,将各层级间元素的组合视为属性,丰富了访问策略的表达。

2. 矢量地理数据分级访问控制(VGD-HAC)模型

本节在兼顾传统矢量地理数据访问控制模型优势的基础上,引入基于属性的访问控制思想,对访问控制主体、客体、用户的操作和环境上下文进行深层次的划分,并以此作为约束条件制定访问控制策略,提出 VGD-HAC 模型,如图 5-10 所示。

利用实体层、分级层、操作层、约束层和会话层五层架构,构建 VGD-HAC模型。将约束层视为支撑贯穿访问控制始终,将会话层作为桥梁连接主、客体,构建实体层、分级层和操作层之间的对象关系映射。本节模型元素定义部分将会对五层架构中的元素按照层级进行详细介绍。

　　用户作为访问控制的主体具有基础属性，这些属性表明用户的身份，而此时的角色作为一个具有唯一标识的属性集合，参与到访问策略的制定；矢量地理数据作为访问控制的客体不能以明文的形式存储在管理系统中，应该针对密级不同的地理要素，利用构成偏序关系的分级密钥进行加密处理，避免用户非法绕过访问控制系统从而直接获取明文矢量地理数据。

　　为了方便对模型中的元素进行管理，按照功能对其进行划分，构建元组集合。VGD-HAC 模型可以定义为以下 7 元组集合，分别对应实体层、分级层、操作层、约束层、会话层、加解密模块和行为映射函数：

$$\langle EntitySet, HierarchySet, ConstraintSet, OperateSet, SessionSet, EnandDeSet, MappingFun \rangle$$

　　VGD-HAC 模型中集合符号及其描述如表 5-4 所示。

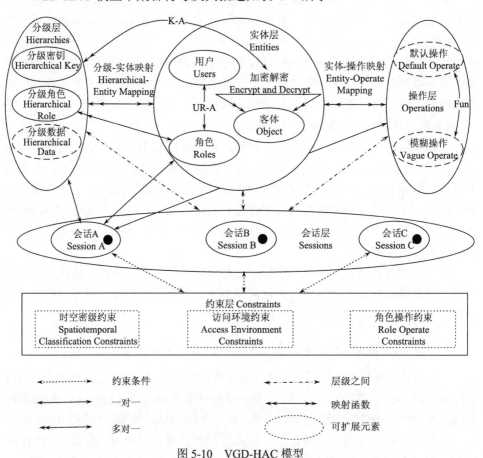

图 5-10　VGD-HAC 模型

表 5-4 VGD-HAC 模型中集合符号及其描述

集合	元素		描述
EntitySet	Users		用户 u 的集合
	Roles		角色 r 的集合
	Objects		客体 o 的集合
HierarchySet	HS-Roles		分级角色 hs-r 的集合
	HS-Object		分级客体 hs-o 的集合
	HS-Key		分级密钥 hs-k 的集合
ConstraintSet	EnvironmentSet	Hardware	硬件环境 es-hard 集合
		Software	软件环境 es-soft 集合
		Time	操作时间 es-time 集合
		⋮	⋮
OperateSet	Defalut-oper		默认操作 os-def
	Vague-oper		模糊操作 os-vag
SessionSet	session		用户会话
EnandDeMod	auto-EnandDe		自动加解密
	manual-EnandDe		手动加解密
MappingFun	privilegeFun		权限集合函数
	actionFun		用户行为函数
	updateFun		策略更新函数

（1）实体层，实体集合 EntitySet。EntitySet 表示模型中的实体集合，包含 Users、Roles 和 Objects 三个子集。用户 u 表示访问主体，具有代表其身份的各类属性，如用户 ID、用户部门、用户分组、用户角色、最近登录时间等，其集合用 Users $= \{u_1, u_2, u_3, \cdots, u_n\}$ 表示；角色 r 作为主体对客体操作权限的集合，代表着管理系统中不同用户的工作职责和访问权限，其集合用 Roles $= \{r_1, r_2, r_3, \cdots, r_n\}$ 表示；客体 o 在本模型中代表被访问的资源，可以为被操作的用户、矢量地理数据甚至是管理系统中的某个模块，其集合用 Objects $= \{o_1, o_2, o_3, \cdots, o_n\}$ 表示。

（2）分级层，分级集合 HierarchySet。HierarchySet 表示模型中的分级集合，为本模型的重要组成部分，包含 Hs-role、Hs-object 和 Hs-key 三个子集。分级角色 hs-r 作为角色 r 的扩展，定义了临时权限集合或不专属于任一角色的权限集合，方便了对用户 u 的权限进行扩展，集合用 Hs-Role $= \{\text{hs-}r_1, \text{hs-}r_2, \text{hs-}r_3, \cdots, \text{hs-}r_n\}$ 表示；分级客体 hs-o 主要针对矢量地理数据，详细地描述数据的密级标识、时空属性，其集合用 Hs-object $= \{\text{hs-}o_1, \text{hs-}o_2, \text{hs-}o_3, \cdots, \text{hs-}o_n\}$ 表示；分级密钥 hs-k 作为矢量地理数据加解密算法中的重要元素，可根据角色的偏序关系获得各等级的密钥，对可访问的数据进行加解密，其集合用 Hs-key $= \{\text{hs-}k_1, \text{hs-}k_2, \text{hs-}k_3, \cdots, \text{hs-}k_n\}$ 表示。

（3）操作层，操作集合 OperateSet 。 OperateSet 表示模型中的操作集合，用以描述用户不同种类的操作，包含 Default-oper 和 Vague-oper 两个子集。默认操作 os-def 表示用户对矢量地理数据进行读取、创建等操作，用集合 Default-oper=$\{os\text{-}def_1,os\text{-}def_2,os\text{-}def_3,\cdots,os\text{-}def_n\}$ 表示；模糊操作 os-vag 主要指将矢量地理数据从一种数据状态向另一种状态转换，这种操作具有不确定性，容易造成数据泄露，如打印、传真、屏幕截屏等，用集合 Vague-oper=$\{os\text{-}vag_1,os\text{-}vag_2,os\text{-}vag_3,\cdots,os\text{-}vag_n\}$ 表示。

（4）约束层，约束集合 ConstraintSet 。 ConstraintSet 表示模型中的约束集合，主要包括时空权限约束、角色操作约束和访问环境约束。时空权限约束和角色操作约束分别与分级层的分级客体集合和操作层的操作行为集合相对应，限定用户可访问数据的范围和管控用户可操作的行为。 EnvironmentSet 表示约束层中的访问环境约束，用以描述访问控制中的计算机软硬件环境和操作时间，包含 Hardware 、 Software 和 Time 三个子集。硬件环境 es-hard 代表用户所使用计算机的固有属性，如计算机 MAC 地址、硬盘序列号等，主要用于约束用户在特定的机器上对矢量地理数据进行访问，避免了用户登录非授权计算机使用受控矢量地理数据导致的数据泄露，其集合用 Hardware=$\{es\text{-}hard_1,es\text{-}hard_2,es\text{-}hard_3,\cdots,es\text{-}hard_n\}$ 表示；软件环境 es-soft 用于指定用户访问受控矢量地理数据的软件进程、软件版本等相关信息，避免了用户通过非授权软件读取密文数据将其解密成明文数据，进一步限制了用户的可操作行为，用Software=$\{es\text{-}soft_1,es\text{-}soft_2,es\text{-}soft_3,\cdots,es\text{-}soft_n\}$ 表示软件环境集合；操作时间 es-time 规定用户可操作的起止日期、时间段，防止非授权时间内的访问，其集合用 Time=$\{es\text{-}time_1,es\text{-}time_2,es\text{-}time_3,\cdots,es\text{-}time_n\}$ 表示。

（5）会话层，会话集合 SessionSet 。 SessionSet 表示模型中的会话集合，该集合存储某用户在一段时间内所具有的分级层、实体层、操作层和约束层的相关元素，多次访问时可通过会话集合直接获取用户权限，降低了因权限重新分配所带来的时间开销，其集合用 SessionSet=$\{session_1,session_2,session_3,\cdots,session_n\}$ 表示。

（6）加解密模块， EnandDeMod 。 EnandDeMod 表示加解密模块。该模块主要有两种不同的工作模式，自动加解密 auto-EnandDe 和手动加解密 manual-EnandDe 。自动加解密模式在用户访问受控矢量地理数据的过程中运行，访问时进行用户权限的匹配并根据对应权限进行数据解密，访问结束后数据加密；手动加解密可以赋予用户对数据进行灵活的加解密，以满足数据进入和脱离访问控制系统的需求。

（7）行为映射函数集合， MappingFun 。

MappingFun 表示行为映射函数的集合，包含 privilegeFun 、 actionFun 和 updateFun 三个子集。privilegeFun=HierarchySet×Environment×OperateSet 代表用

户权限函数集合；actionFun=EntitySet×privilegeFun×EnandDeMod 表示用户行为函数集合，代表该用户针对客体所进行的操作集合；updateFun 表示主客体安全等级变更、用户角色变更、角色操作权限变更的时间限定函数，分别为

$$updateFun_{uo}:Users,Hs\text{-}Object \xrightarrow{Time} Users,Hs\text{-}Object;$$
$$updateFun_{ur}:Users_r \xrightarrow{Time} Users_r;$$
$$updateFun_{ro}:Roles_{os} \xrightarrow{Time} Roles_{os}$$

（5-6）

3. 细粒度的分级方法和访问控制策略

按照层级对 VGD-HAC 模型中的元素进行归类和定义，并将用户的访问权限和访问行为进行形式化描述，以便更好地制定访问控制策略。其中，分级层涉及分级角色、分级客体和分级密钥。角色约束关系的表达、矢量地理数据权限的划分及分级密钥的安全，都影响着访问控制策略的制定。

1）角色继承和授权

将角色指派给用户，使得用户间接获取了权限，提升了授权效率，但用户属性的细微差别，又会导致角色的重新分配，加大了管理难度的同时也提高了系统运行成本。因此，本小节从分级角色 Hs-Roles 出发，建立同类型角色的层次关系，对角色的权限进行划分，构建不同类型角色的约束条件，减少冗余角色权限的设置，优化角色继承和授权。

（1）角色层次关系。在 VGD-HAC 模型中，相同类型的角色存在层次关系，下层角色的权限能够被上层角色获取，这种方式称为角色继承；上层角色可以赋予下层角色权限，这种方式称为角色授权。

（2）角色权限划分。在 VGD-HAC 模型中，用户访问时刻的矢量地理数据、加解密密钥、访问环境和操作均视为角色权限的组成部分，其集合用 Privilege = {SP,HP,DP} 表示。式中，SP 为角色的静态权限，权限只属于该角色，不能被继承或授权给其他角色。HP 为继承权限，权限能够完全被上层角色继承或授权给下层角色，被授权角色的可用权限取决于该角色在同类型角色中的等级，即角色等级越高，被赋予的权限越多，但权限设置相对固定。DP 为动态权限，该权限能够选择继承给上层角色或选择授权给下层角色，权限设置相对灵活。

（3）角色约束条件。在 VGD-HAC 模型中，因为有分级角色 Hs-Roles 的存在，每个用户因身份复杂度的提高而可能具有多种类型的角色，不同类型角色之间的静态权限可能会存在冲突。角色约束条件针对用户的静态权限 SP 进行约束，其集合用 PC = {EC,OC} 表示。式中，EC 为环境检查约束，当两个或多个角色的同类型访问环境有且只有一个时则不触发 EC，反之则触发 EC 禁止多角色继承或授权；OC 为操作检查约束，当两个或多个角色的同类型操作有且只有一个时则不

触发 OC，反之则检查多操作之间是否存在冲突，若存在冲突则禁止多角色继承或授权。角色约束条件的制定避免了因用户各角色之间权限冲突而导致的混乱。

综上所述，可以看出同类型角色 Roles 之间存在一定的等级关系，这种关系称为偏序关系，用符号"$\leqslant$"比较各角色的等级高低。定义 hs-r_{1n} $\leqslant$ hs-r_{2n} $\leqslant$ hs-r_{mn}，表示 hs-r_{1n} 是 1 级角色，hs-r_{2n} 是 2 级角色，hs-r_{mn} 是 m 级角色，hs-r_{1n} 从属于 hs-r_{2n}，hs-r_{2n} 从属于 hs-r_{mn}，从而构成分级角色之间的偏序关系。角色权限继承和授权示意图如图 5-11 所示。

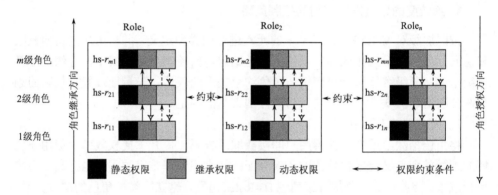

图 5-11　角色权限继承和授权示意图

2）矢量地理数据划分

用户角色指派的同时也就设定了主体的约束条件，如需对客体进行细粒度的访问控制，还要更深入研究矢量地理数据本身的特性。因此，本小节从分级客体 hs-o = {TG,SC,DC} 出发，描述数据的密级标识和时空属性，细化对矢量地理数据的分区分级，式中，TG 为时间分段；SC 为空间分区；DC 为数据分级。

（1）时间分段。不同于用户的操作时间 Time，时间分段 TG 为矢量地理数据自身的有效期限。其形式化表达为 TG = {SD,ED}，式中，SD 为起始日期；ED 为终止日期，只有当 es-time $\in$ [SD,ED] 且 es-time $\in$ Time 时，矢量地理数据才处于有效时间内。当 es-time $\notin$ [SD,ED] 时数据自动销毁，避免了数据的过期访问。

（2）空间分区。以图层形式进行展示的矢量地理数据可将其可视范围划分为多个子区域，子区域为受控区域，受控用户根据权限的不同对受控区域内的数据进行访问操作，其集合为 SC = {Area$_a$,Area$_b$,Area$_c$,$\cdots$,Area$_n$}。多个子区域 Area 之间有三种拓扑关系，相离、相接和相交，这三种关系都会存在区域内要素归属划分不明确的问题，即当一个要素的不同部分分别位于不同的区域，如何决定该要素的归属区域。在 VGD-HAC 模型中，已经被划分区域的要素在未清除区域归属前无法参与二次区域划分，即同一个要素只能归属一个区域。

（3）数据分级。与角色的等级 $\text{Role}_{\text{level}}$ 相对应，数据也具有密级标识，DC 为数据分级，其集合为 $\text{DC} = \{\text{FID,EID}\}$ 。式中，FID 为文件标识，代表矢量地理数据的最小访问权限等级，只有当 $\text{Role}_{\text{level}} \geqslant \text{FID}$ 时，才具有对该文件的访问权限；EID 为要素标识，代表矢量地理数据的要素权限等级和区域归属，要素权限等级的标识细化了数据的分级，区域归属的划分限定了数据的表达范围。

综上所述，矢量地理数据划分示意图如图 5-12 所示。

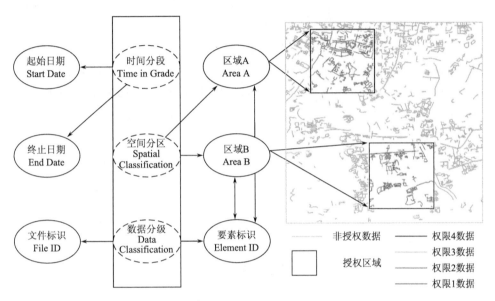

图 5-12* 矢量地理数据划分示意图

3）分级密钥管理

在 VGD-HAC 模型中，角色 Role 由多层次的分级角色 hs-r 构成，而分级密钥的生成参数也可依托 Role 的偏序关系进行传递，方便了密钥的管理。作为矢量地理数据加解密算法的初始密钥，分级密钥基于中国剩余定理进行构建，用户可根据不同等级角色，获取不同的初始密钥组。

（1）中国剩余定理。中国剩余定理又称为"孙子定理"，是中国古代求解一次同余方程的方法。其定理内容如下：

假设存在 n 个两两互为素数的正整数 $m_1, m_2, m_3, \cdots, m_n$，则对于任意的整数 $a_1, a_2, a_3, \cdots, a_n$，方程组必定存在整数解且不唯一。若 x_1, x_2 都满足该方程，则必有 $x_1 \equiv x_2 \pmod{N}$，式中，$N = \prod\limits_{i=1}^{n} m_i$，具体来说方程组的唯一解满足式（5-7）。

$$\begin{cases} x \equiv a_1 \ (\mathrm{mod}\ m_1) \\ x \equiv a_2 \ (\mathrm{mod}\ m_2) \\ x \equiv a_3 \ (\mathrm{mod}\ m_3) \\ \quad \cdots \\ x \equiv a_n \ (\mathrm{mod}\ m_n) \end{cases}$$

$$x \equiv \sum_{i=1}^{n} a_i \times \frac{N}{m_i} \times \left[\left(\frac{N}{m_i} \right)^{-1} \right]_{m_i} \ (\mathrm{mod}\ N) \tag{5-7}$$

（2）基于中国剩余定理构造分级密钥。

步骤一：密钥生成模块为系统随机生成公私钥对 $\{\mathrm{KeyPair}_{\mathrm{pub}}, \mathrm{KeyPair}_{\mathrm{pri}}\}$。
$\mathrm{KeyPair}_{\mathrm{pub}} = \{\mathrm{pub}_l, \mathrm{modpub}_l\}$, $\mathrm{modpub}_l < \mathrm{pub}_l$ 为生成 l 个公钥对， $\mathrm{KeyPair}_{\mathrm{pri}} = \{\mathrm{pri}_n, \mathrm{modpri}_n\}$, $\mathrm{modpri}_n < \mathrm{pri}_n$ 为生成 n 个私钥对，式中， pub_l 和 pri_n 为模数，且为两两不相同的素数； modpub_l 和 modpri_n 为余数。

步骤二：将公钥作为静态权限分配给分级角色，使得其作为系统的公共参数。将私钥作为动态权限按照等级分别赋予不同等级的分级角色，保证了私钥获取过程中的偏序关系。

步骤三：构造同余方程，求解分级密钥。所有被分配角色的用户具有公钥对和不高于自身等级的私钥对集合。则构造同余方程为

$$\begin{cases} x \equiv \mathrm{pub}_1 \ (\mathrm{mod}\ \mathrm{modpub}_1) \\ x \equiv \mathrm{pub}_2 \ (\mathrm{mod}\ \mathrm{modpub}_2) \\ \quad \vdots \\ x \equiv \mathrm{pub}_l \ (\mathrm{mod}\ \mathrm{modpub}_l) \\ x \equiv \mathrm{pri}_1 \ (\mathrm{mod}\ \mathrm{modpri}_1) \\ x \equiv \mathrm{pri}_2 \ (\mathrm{mod}\ \mathrm{modpri}_2) \\ \quad \vdots \\ x \equiv \mathrm{pri}_n \ (\mathrm{mod}\ \mathrm{modpri}_n) \end{cases} \tag{5-8}$$

基于中国剩余定理得到方程组式（5-8）的解 x。对于不同的分级角色，可依托偏序关系多次计算获取密钥组 key。

步骤四：具有不同分级角色的用户，可在访问过程中利用密钥组进行加解密操作。

4）访问控制规则和策略

用户行为函数 actionFun 表示单个主体针对客体所进行的操作，但并不能代表这些操作都是经过授权的。因此，需要一套访问控制规则（Rule）对其进行约束，众多规则的集合则称为访问控制策略（Strategy），访问控制策略是访问控制模型的

核心。在介绍 VGD-HAC 模型的访问控制规则和访问控制策略之前，需要完成用户角色的创建、约束的制定及用户角色的指派。

（1）用户角色创建 (user roles creation, URC)，表示管理员根据访问控制系统的需求创建不同类型的角色和同类型角色下的分级角色，$URC = \prod_{i=1}^{n} Role_n$，

$Role = \prod_{j=1}^{m} hs\text{-}r_m$，一个用户至多拥有同类型角色下的一个分级角色。

（2）时空密级约束 (spatiotemporal classification constraints，SCC) 主要分为两类：一类是针对矢量地理数据的约束，称为客体约束 SCC_{object}，用以约束客体本身的时间、空间和权限等级属性，$SCC_{object} \subseteq TG \times SC \times DC$；另一类是针对分级角色的约束，称为主体约束 $SCC_{subject}$，用以约束各分级角色所能够访问的空间区域、数据权限等级和初始密钥，$SCC_{subject} \subseteq Role_{area} \times Role_{level} \times Key, Role_{area} \subseteq SC$。将建立好的约束赋予创建好的用户角色，即 $SCC \rightarrow URC$，建立时空密级与分级角色的关系。

（3）访问环境约束 (access environment constraints，AEC)，表示对用户允许登录的计算机信息、使用的软件信息和操作的时间进行约束 $AEC \subseteq es\text{-}hard \times es\text{-}soft \times es\text{-}time$。将建立好的约束赋予创建好的用户角色，即 $AEC \rightarrow URC$，建立访问环境与分级角色的关系。

（4）角色操作约束 (role operation constraints，ROC)，表示对用户允许进行的默认操作和模糊操作进行约束，$ROC \subseteq os\text{-}def \times os\text{-}vag$。最后将建立好的约束赋予创建好的用户角色，即 $ROC \rightarrow URC$，建立角色操作与分级角色间的关系。

（5）用户角色指派 (user roles assignment，URA)，表示将已经被赋予约束的角色指派给用户，即 $URC \rightarrow User$，建立角色与用户之间的关系。

访问控制规则可由上述定义的四元组进行制定，其形式化表达为 $Rule \subseteq URC \times SCC \times AEC \times ROC$。一条访问控制规则 Rule 表示满足分级角色 hs-r 要求的用户 User，在规定的操作时间 es-time 内，在满足硬件环境 es-hard 和软件环境 es-soft 条件下，对在访问时效 TG、访问区域 SC 和数据分级 DC 范围内的矢量地理数据进行的默认操作 os-def 或模糊操作 os-vag。

多条访问控制规则构成访问控制策略，$Strategy = \{Rule_1, Rule_2, Rule_3, \cdots, Rule_n\}$。当用户符合访问策略中的某条访问规则，才能够执行访问操作，反之则拒绝操作。

5）内网环境下矢量地理数据访问控制流程

VGD-HAC 模型中加入了缓存机制，提高了管理系统中多次访问的效率。以提出的访问控制策略为约束，对用户的访问行为进行检查，访问控制流程如图 5-13 所示。

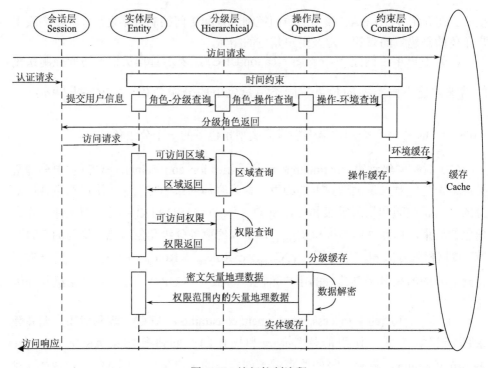

图 5-13　访问控制流程

（1）用户登录访问控制系统时发起认证请求。若认证成功，则首先会在缓存池中查找，否则拒绝访问。若用户信息在缓存中存在则直接返回响应，否则进行下一步操作。

（2）根据用户信息查找角色权限。用户提交访问请求时，利用实体层的用户角色描述信息，从分级层查找分级密钥和分级数据，并将其赋予分级角色实体。再根据分级角色实体去操作层和环境层分别查找角色操作和操作环境，并将查找到的分级信息、操作信息和环境信息放入模型缓存，返回已被赋予权限的分级角色实体集合。

（3）发起访问请求，进行访问控制策略的判定。提取用户访问环境和被访问矢量地理数据的相关信息，结合访问时间和访问操作构造用户访问行为，若访问行为满足访问策略，则允许访问，否则拒绝访问。

（4）数据解密后访问权限内资源，返回响应。允许访问后，通过角色分级密钥解密访问区域内满足访问权限的空间数据要素，用户可访问该要素资源。

为保障访问控制过程中的信息可追溯，每个环节中用户的行为都会形成日志并记录在数据库中，方便分析和制约用户的访问行为。

　　本小节利用实体层、分级层、操作层、会话层和约束层五层架构搭建框架，构建了矢量地理数据分级访问控制模型 VGD-HAC 模型。从分级管理的角度，结合分级角色、分级客体和分级密钥三个方面详细阐述了细粒度的分级方法，并以此为基础制定了完善的访问控制策略。将访问策略作为约束条件，并以此提出 VGD-HAC 模型的访问控制流程。VGD-HAC 模型可以完成对用户可访问资源的权限分配，以及对用户的访问行为进行检查，并且对模型中各层级之间的关系进行了约束，从主、客体关系和环境上下文出发实现了细粒度的访问控制。

第6章 保密处理技术

保密处理技术能够有效解决地理数据的安全共享问题，通过技术处理的方法将高精度的地理数据转化成低精度的可公开使用数据。本章从保密处理技术的相关概念切入，结合地理信息保密技术的特征，介绍线性变换模型、非线性变换模型、组合脱密模型、属性脱密模型和分辨率降低五大技术，最后给出算法评价指标。

6.1　保密处理技术的相关概念

6.1.1　保密处理技术的定义

近年来，随着地理信息行业的迅速发展，依托地理信息数据提供服务的场景越发广泛，如果保密数据一旦泄露将会对国家安全造成不可估量的影响。因此，对于国家地理信息安全而言，如何使用技术将高精度的测绘成果转换为低精度的可公开表示的数据就至关重要。

地理信息保密处理技术（decryption）是通过数学变换等方法对数据的平面位置、分辨率、属性等进行精度降低或删除，将保密的信息进行处理使之达到可以公开使用标准的技术。它通过几何精度脱密、属性脱密，研发对数据空间位置、精度、属性内容及其相互关系等进行脱密的方法，以保障涉密地理信息安全应用，对促进空间数据共享、地理信息产业健康发展具有重要的意义。

自然资源部《公开地图内容表示规范》中规定，表现地为我国境内的地图平面精度应当不优于 10 米（不含），高程精度应当不优于 15 米（不含），等高线的等高距应当不小于 20 米（不含）；不得表示涉军涉密内容及属性；表现地为我国境内的遥感影像，地面分辨率不得优于 0.5 米，不得标注涉密、敏感信息，不得伪装处理建筑物、构筑物等固定设施。我国支持研究针对多类涉密地理信息的保密处理方法，如栅格数据、矢量数据、三维模型等，对进一步促进地理信息应用、发掘数据使用潜力与价值产生了深远而积极的影响。自 2003 年国家认定的地形图保密处理技术投入使用，极大地促进了相关产业健康发展，保障了地形图在数字城市等共享服务平台的安全应用，带来良好的社会与经济效益。近年来，随着大量学者的不断探索，各种地理数据保密处理技术不断迭代深化，地理数据保密处理技术逐渐成为促进高精度地理数据公开共享的重要技术手段。

6.1.2　保密处理技术的特点

保密处理技术能够有效平衡信息安全与海量数据共享之间的矛盾，是数据安全共享、智慧城市建设的前提。基于我国脱密政策法规，保密处理技术特点可主要分为合法性、可靠性、安全性三个部分。

合法性（legitimacy）：合法性指保密处理相关技术应经国家认定后使用，未认定的处理技术及算法参数，不可作为保密处理、数据密级降低的依据。经由国家认定的保密处理技术及算法参数为国家秘密。此外，保密处理数据来源应合法，处理脱密的涉密数据应依法进行登记，严格管理。

可靠性（reliability）：对涉密数据进行保密处理的技术应可控可靠。对数据空间位置、精度、属性等涉密部分处理无遗漏、无错误，做到脱密精度可控，脱密结果可靠。

安全性（security）：安全性指经保密处理后的结果不可逆。数据经保密处理后应当具有一定的抗攻击能力，使用技术手段无法将保密处理后数据恢复为原始精度。保密处理相关技术与系统自主可控，提供可靠技术支持。

我国保密处理技术应是一个不断补充完善的动态发展技术，相关算法参数需不断迭代求优，以更好地为服务数据公开共享提供技术支持。

6.1.3　保密处理技术的应用

地理信息保密处理主要应用于涉密的矢量数据、栅格数据和三维模型数据等地理数据，通常涉及数据的空间位置、精度、属性内容及它们之间的相互关系。

矢量地理数据的保密处理主要包括平面位置精度降低和属性信息脱敏两个方面。平面位置精度降低是指通过对数据坐标位置进行适量偏移，增加数据的误差，以达到降低数据精度的目的。矢量数据属性中可能包含大量的敏感信息，如人口统计数据、地籍信息等，使用属性脱敏可以对其进行保密处理。它通过对属性信息进行筛查，基于一定规则对敏感信息进行处理，使得数据不包含敏感属性，从而保证数据在公开时的安全性。

栅格地理数据的保密处理也是非常重要的。此过程主要通过平面位置精度降低、地面分辨率降低和敏感地物目标脱密来实现。通过平面位置精度降低来实现保密处理，这种方式同矢量地理数据类似，可以通过坐标转换等方式对其实际坐标进行偏移从而达到脱密目的。通过降低地面分辨率也可以实现对栅格地理数据的保密处理。地面分辨率是指遥感数据能表达的最小特征大小。通过对栅格数据进行重采样，可以降低其地面分辨率，从而降低栅格地理数据密级。敏感地物目标主要表现为军事设施、军事建筑、国家安全要害部门等国家禁止公开的内容。在高精度栅格地理数据的保密处理过程中，必须对敏感地物目标进行加云、加马赛克或内容隐藏等处理，从而达到对栅格地理数据的脱密效果。以上这些方法可以有效地保护栅格地理数据的安全，保护国家利益。

　　"十四五"期间计划实施实景三维中国建设，这对三维模型数据的保密处理提出了更高的要求。实景三维模型作为建设过程采用的基础数据，具有精度高、信息丰富、效果真实等特点，其安全问题不容小觑。特别是在公开应用场合，实景三维模型的精度需要达到保密允许的范围。对高精度的实景三维模型必须经过脱密处理后方可公开使用与共享。在自然资源部印发的《测绘地理信息管理工作国家秘密范围的规定》中，军事禁区及其以外优于（含）10米或地物高度相对量测精度优于（含）5%的三维模型、点云、倾斜影像、实景影像、导航电子地图等实测成果分别被划定为机密与秘密两个密级并要求长期保密。因此，三维模型数据的保密处理需从平面位置精度和地物高度相对量测精度两方面进行降低处理。平面位置精度降低与上述两种数据类型相似，在此不再赘述。地物高度相对量测精度的脱密可利用三角函数等作为脱密函数，在规定的脱密尺度内进行高程变换，从而达到脱密目的。

6.2　地理信息保密处理技术的特征

6.2.1　地理信息数据脱密特征分析

　　地理信息数据的脱密需要保证保密处理技术的合法性、可靠性、安全性。此外，面对多源异构地理信息数据不同数据特征、应用场景，为保证脱密的安全性与可靠性，地理信息数据的脱密还存在以下特征。

　　（1）地理信息数据脱密后需保持原空间要素拓扑关系，不破坏原数据结构。以矢量地理数据为例，其以几何空间坐标为基础，以要素为单元存储离散的坐标点，数据结构复杂，因此，脱密模型需要保证矢量地理数据的可用性，控制要素变形，保持数据的拓扑关系不变。

　　（2）高精度空间定位脱密需求。地理信息数据具有空间定位性，例如，栅格地理数据表达的实体对象都有空间位置，此信息的泄露、非法获取将会对国家安全造成严重威胁。因此，模型必须建立坐标转换关系，对地理信息数据的平面精度进行脱密。

　　（3）脱密效率需求。面临地理信息数据多领域、多场景的应用需求，一般共享使用的地理数据有着海量的特征，此特征对脱密算法的性能提出了更高要求。在保证脱密质量的同时，脱密算法复杂度不可过高，以提高数据脱密效率。

6.2.2　地理信息数据脱密要求

　　结合保密处理特点与地理信息数据脱密特征，可以对地理信息数据脱密提出以下要求。

（1）精度可控性。空间坐标转换方法通过对坐标位置进行一定方向的偏移，从而达到数据精度降低的目的。地理信息数据的精度可控，要求算法能将数据精确地变换到设定的保密处理指标。

（2）相对不可逆性。为保证数据共享安全，涉及基础地理数据的脱密算法必须保密可靠，不容易被破解，同时保证地理信息数据脱密结果不可逆，满足保护国家秘密的要求。

（3）处理结果一致性。对于相同的原始地理数据，在保密处理条件一致的情况下，经过保密处理后的结果数据也是相同和一致的。

（4）特征和拓扑保持性。结合保密的具体需求，在达到脱密要求的前提下，需保持脱密地理信息数据特征及要素空间拓扑关系，保证脱密后的要素间相对位置变化小于限值，以满足工程应用等要求。

（5）数据可用性。数据保密处理后，应该满足特定的数据公开使用要求，具有好的可用性。

6.3 地理信息保密处理技术的分类

6.3.1 线性变换模型

保密处理线性变换模型实质是采用一定的数学模型对数据的顶点坐标集合进行处理，使之达到可公开精度的过程。其主要的变换模型包括加法、乘法与映射三个主要规则。加法规则脱密可表示为

$$\begin{cases} x' = x + \alpha \\ y' = y + \beta \\ z' = z + \gamma \end{cases} \tag{6-1}$$

式中，x'、y'、z'为某点脱密后的空间坐标；x、y、z为某点脱密前的原始坐标；α、β、γ为对坐标的加性脱密量，可以是常量或随机变量。

乘法规则脱密可表示为

$$\begin{cases} x' = x \times f(x,y,z) \\ y' = y \times g(x,y,z) \\ z' = z \times h(x,y,z) \end{cases} \tag{6-2}$$

式中，x'、y'、z'为某点脱密后的空间坐标；x、y、z为某点脱密前的原始坐标；$f(x,y,z)$、$g(x,y,z)$、$h(x,y,z)$为用于脱密的具体函数。

基于映射规则的脱密一般方法为通过构建定长序列表，基于映射函数建立坐标顶点与不连续脱密序列的映射关系。

　　常见的线性变换方法包括刚体变换、相似变换、射影变换和仿射变换等，可抽象为矩阵形式进行统一描述：

$$
\begin{bmatrix} x' \\ y' \\ z' \\ 1 \end{bmatrix} = \begin{bmatrix} M & t \\ 0 & 1 \end{bmatrix} \begin{bmatrix} x \\ y \\ z \\ 1 \end{bmatrix} = \begin{bmatrix} A_{11} & A_{12} & A_{13} & A_{14} \\ A_{21} & A_{22} & A_{23} & A_{24} \\ A_{31} & A_{32} & A_{33} & A_{34} \\ 0 & 0 & 0 & 1 \end{bmatrix} \begin{bmatrix} x \\ y \\ z \\ 1 \end{bmatrix} \tag{6-3}
$$

式中，x'、y'、z'为某点脱密后的空间坐标；x、y、z为某点脱密前的原始坐标；A_{11}到A_{33}组成的一个 3 行 3 列的矩阵，用于表示三维坐标的线性变换组合 M；A_{14}所在的第四列为坐标平移向量 t。

　　刚体变换是将旋转矩阵 R 作为线性变换组合 M，结合坐标平移向量 t 组成的。围绕三个坐标轴方向的旋转矩阵 R 可用欧拉角表示为

$$
R = \begin{bmatrix} 1 & 0 & 0 \\ 0 & \cos\alpha & \sin\alpha \\ 0 & -\sin\alpha & \cos\alpha \end{bmatrix} \begin{bmatrix} \cos\beta & 0 & -\sin\beta \\ 0 & 1 & 0 \\ \sin\beta & 0 & \cos\beta \end{bmatrix} \begin{bmatrix} \cos\gamma & \sin\gamma & 0 \\ -\sin\gamma & \cos\gamma & 0 \\ 0 & 0 & 1 \end{bmatrix} \tag{6-4}
$$

式中，α、β、γ 分别为 x、y、z 三个坐标轴方向的旋转角度。

　　相似变换是指对图像的旋转、平移、缩放，它保持了图形的纵横比，即脱密后图形形状保持不变。将旋转矩阵缩放 s 即可得到相似变换结果：

$$
\begin{bmatrix} x' \\ y' \\ z' \\ 1 \end{bmatrix} = \begin{bmatrix} sR & t \\ 0 & 1 \end{bmatrix} \begin{bmatrix} x \\ y \\ z \\ 1 \end{bmatrix} \tag{6-5}
$$

式中，R 为旋转矩阵；s 为等比缩放比例。

　　仿射变换相比相似变换增加了非等比缩放与倾斜的过程；射影变换相比仿射变换增加了扭曲变换，其矩阵形式公式为

$$
\begin{bmatrix} x' \\ y' \\ z' \\ 1 \end{bmatrix} = \begin{bmatrix} A & t \\ v^t & 1 \end{bmatrix} \begin{bmatrix} x \\ y \\ z \\ 1 \end{bmatrix} \tag{6-6}
$$

式中，A 为三维坐标的线性变换组合；当 $v^t = \begin{bmatrix} 0 & 0 & 0 \end{bmatrix}$ 时，变换形式为仿射变换。

　　常见的线性变换模型如图 6-1 所示。

　　以上线性变换方法在实际脱密应用过程中需要对其进行参数调整使其保持可控性。

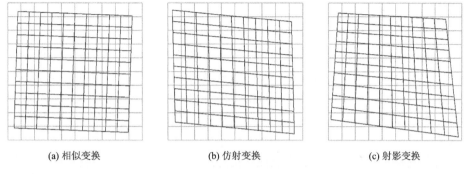

(a) 相似变换　　　　　　　(b) 仿射变换　　　　　　　(c) 射影变换

图 6-1　线性变换模型

6.3.2　非线性变换模型

保密处理非线性变换方法主要包含多项式变换、三角函数、随机函数等。多项式变换是脱密领域中较为常用的方法之一。以二次多项式为例，其变换方式可表示为式（6-7），该式仅为在 x、y、z 坐标互相独立的情况下的多项式函数脱密算法。

$$\begin{cases} x' = a_1 x^2 + b_1 x + c_1 \\ y' = a_2 y^2 + b_2 y + c_2 \\ z' = a_3 z^2 + b_3 z + c_3 \end{cases} \qquad (6\text{-}7)$$

式中，x'、y'、z' 为某点脱密后的空间坐标；x、y、z 为某点脱密前的原始坐标；a、b、c 为二次多项式的系数。实际脱密中通常采用各坐标相互组合的方式以增加算法的安全性。由于高阶数的多项式变换会引起较大的震荡，通常采用不超过三阶的多项式进行变换。

三角函数是初等数学领域中的基本函数，自然界任何的周期性变换都可以采用三角函数的组合进行拟合。在几何精度脱密中为了保证坐标变换模型的安全性，通常需要对基本三角函数进行组合以增加其复杂性。其表达式为

$$f(x) = b\left[a\sin(\omega_1 x) + (1-a)\cos(\omega_2 x) \right] \qquad (6\text{-}8)$$

式中，b 为函数的振幅值；a 用于控制函数的形状；ω_1 和 ω_2 用于控制函数的周期。在保持其他参数不变的情况下，形态参数 a 越大模型图像抖动越剧烈，参数 ω_1、ω_2 越大，模型周期变小，a、ω_1、ω_2 如果设定不合理，可能会影响脱密数据的可用性。因此，需要依据脱密误差设定适当的函数参数值。

随机函数包含混沌系统、伪随机数生成器等方法，主要是以随机扰动的方式对坐标进行干扰，具有一定的可控性。

6.3.3　组合脱密模型

不同的变换方法，如线性变换和非线性变换，具有各自的优势和缺陷。为了更好地利用这些方法，一些学者提出了组合脱密模型，即将不同的变换方法融合在一起。这种模型通常使用线性变换的方法以达到校正系统误差的目的，然后再使用非线性变换，对畸变进行校正。与单一转换模型相比，组合脱密模型的转换精度通常更高。

仿射变换和多项式等方法不能很好地逼近脱密指标，从而使脱密误差变小。通过改变控制点偏移量来控制脱密误差的方法，往往会增加复杂度，工作量也急剧增加。因此，可以使用误差可控的模型来配合迭代计算，使脱密中误差逼近脱密指标。

当脱密指标过大时，径向基函数模型会导致脱密数据形变严重，脱密误差可控的模型能够控制数据形变，可以更好地处理这种情况。

三角函数模型可以保持脱密数据在竖直方向上的平行性，但也会降低脱密数据的安全性，因此可以使用误差随机分布的模型提高数据安全性。如图 6-2 所示，虚线部分为原始数据，实线部分为模型脱密后数据。由结果可知，组合脱密模型可以显著提高脱密效果。

组合脱密后的数据通常表现为光滑连续的曲线，不会出现突变，并且误差分布随机。

6.3.4　属性脱密模型

地理信息数据属性脱密指把数据中涉密的属性信息进行脱密操作，保障属性数据安全。属性数据的脱密操作包括替代、混洗、数值变换、加密、遮挡、空值插入、删除等。涉密的属性信息通常包括交通要素重要注记、交通附属设施重要注记、水系要素重要注记、水系附属设施重要注记及其他重要注记等。

1. 敏感词库规范

敏感词库需要根据国家相关法律法规的要求及特定行业中保密需求进行敏感词的规范安全设计，同时，词库需要提供添加、更新、编辑、删除、替换等维护性操作，使敏感词库易于更新和维护，并以文件加密的形式存储，以保证系统词库的安全性。

2. 图属定位准确

为了确保属性脱密操作的安全性，需要提供审核、复查等安全操作机制。这些机制包括让用户审核敏感信息是否应该进行属性脱密处理，以确保在对涉密数

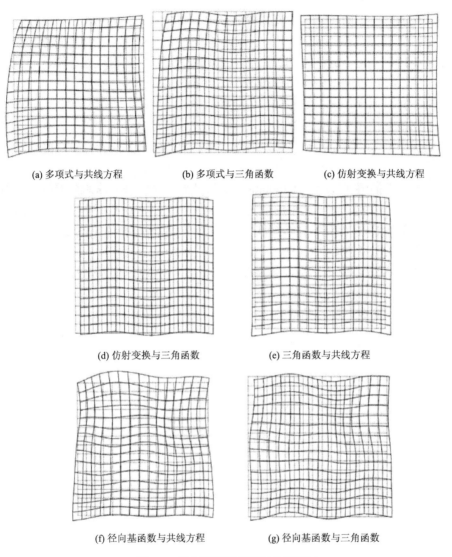

(a) 多项式与共线方程　　　　(b) 多项式与三角函数　　　　(c) 仿射变换与共线方程

(d) 仿射变换与三角函数　　　　(e) 三角函数与共线方程

(f) 径向基函数与共线方程　　　　(g) 径向基函数与三角函数

图 6-2　组合脱密模型脱密前后格网

据进行属性脱密处理时的安全性，这样可以避免误删、漏删、随机替换等不安全的操作，从而提高数据处理的可靠性和安全性。

6.3.5　分辨率降低

分辨率降低是指通过减少数字图像/视频的像素数量，来降低图像/视频的清晰度和质量，从而达到保护隐私的目的。通过减少图像/视频的像素数量，一些细节信息被去除，对图像/视频中的主要内容做出影响较小的修改，从而隐去敏感信息，实现脱密。下面是几种主要的降低分辨率的技术。

（1）子采样（subsampling）。子采样是一种简单的图片降低分辨率的方法。在子采样中，每隔一定距离（如跳过两个像素），对图像的像素进行取样。通过降低像素数目，可以降低图像的分辨率，从而达到脱密的目的。

（2）格点抽样（grid sampling）。栅格抽样是一种最简单的视频降低分辨率的方法。在格点抽样中，原始视频的每一帧被分成若干个像素格子，只有格子中心的点被保留下来，其余点被丢弃。通过调整格子的大小和间距，可以降低视频的分辨率。

（3）线性插值（linear interpolation）。线性插值是一种将原始数据放大或缩小的方法，可以达到降低分辨率的目的。在插值中，原始数据中的每个像素的值都会被赋予新像素的像素值，插值可以创建新像素。在现有像素之间进行线性插值，以创建新的缩放图像。

（4）尺度空间降采样（scale-space pyramid）。尺度空间降采样是将原始图像分割成尺度不同的多层次图像。在缩小尺度层次上进行降采样，可以得到低分辨率的图像，达到保护隐私的目的。

1. 最近邻插值算法

最近邻插值算法是通过对待插值点周围像素点的位置关系进行计算的一种插值方法。具体而言，该算法会选择距离待插值点最近的四个像素点，并根据它们的像素信息和与插值点的距离，选择其中距离最近的邻近像素信息作为插值点的灰度值。最近邻插值算法具体原理如图 6-3 所示。

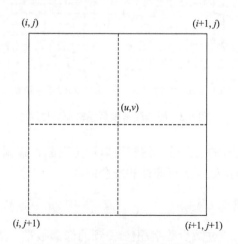

图 6-3　最近邻插值算法具体原理

从图 6-3 中可以看出在点 (u,v) 的附近有四个邻近像素点 (i,j)、$(i+1,j)$、$(i,j+1)$、$(i+1,j+1)$，它们都有自己对应的像素信息。根据距离远近，可以找到离待插值点最近的像素点，并将该像素点的像素信息作为待插值点的像素信息进行插值处理。

2. 双线性插值算法

双线性插值算法利用了周围邻近点的信息，而不是仅仅依靠最近的一个像素点。这种插值方法会使用数学关系来计算待插值像素点的像素信息。相比于最近邻插值算法，双线性插值算法通常能够得到更好的结果。它会默认邻近像素的灰度变化是线性的，并且通过使用四个周围像素点的信息来共同决定待插值像素点的信息。可以通过式（6-9）计算待求像素点的信息。

$$f(i+u,j+v)=(1-u)\cdot(1-v)\cdot f(i,j)+(1+u)\cdot v\cdot f(i,j+1)$$
$$+u\cdot(1+v)\cdot f(i+1,j)+u\cdot v\cdot f(i+1,j+1)$$

（6-9）

式中，$f(i+u,j+v)$ 表示待插值像素点的像素灰度值，$f(i,j)$、$f(i,j+1)$、$f(i+1,j)$、$f(i+1,j+1)$ 分别是点 (i,j)、$(i,j+1)$、$(i+1,j)$、$(i+1,j+1)$ 的像素灰度值；灰度值前的系数为该像素值的权重。这个权重值表示它对待插值点的影响，如果一个像素点距离较远，那么它对待插值点的影响就较小。

3. 双三次插值算法

相较于双线性和最近邻插值，双三次插值的原理更加复杂。它会考虑到距离待插值点最近的 16 个像素点，并利用水平和垂直方向上的三次插值共同决定。双三次插值算法对应的插值核函数如图 6-4 所示。

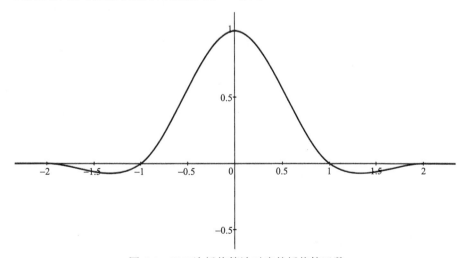

图 6-4　双三次插值算法对应的插值核函数

双三次插值算法待插值点的数学计算公式为

$$h(x) = \begin{cases} 3/2|x|^3 - 5/2|x|^2 + 1 & 0 \leqslant |x| < 1 \\ -1/2|x|^3 + 5/2|x|^2 - 4|x| + 2 & 1 \leqslant |x| < 2 \\ 0 & \text{others} \end{cases} \tag{6-10}$$

根据式（6-10），可以计算出所有 16 个相邻像素的权重值。假设待求的像素点为 $(i+u, j+v)$，那么需要分别计算每个相邻像素点的权重值，再利用权重值和像素信息获得待求点的像素信息。

线性插值算法会出现细节模糊的问题，这是因为边缘处高频信息被线性插值平均处理，无法针对性地处理高频信息，插值效果不够理想。所以非线性插值技术就利用图像的高频信息进行处理保持边缘细节，以提高图像质量。

4. 基于小波变换域的插值算法

小波变换可以处理得到不同频率的子带，高频子带可以表示插值效果中最为重要的具体细节信息，低频子带可以表示背景信息。因此对高频信息适用非线性插值方法，对低频信息使用经典的线性差值方法。融合线性非线性方法，能够更好地提高图像的质量。然而，该算法的计算复杂度较高，同时分离不同层次信息会引入新的噪声，使得该方法在实际应用中受到了限制。

5. 基于边缘信息的插值算法

学者们提出了基于边缘信息的插值方式，其核心思想是结合对图像中各像素点是否为边缘像素点的判断，从而可以对像素边缘点提取边缘方向进行有方向的插值。在这个过程中对边缘点的确定及对边缘方向的判断至关重要。这类图像插值技术可分为显式和隐式两种。

显式插值方法基于图像边缘点的判断，在边缘点和非边缘点采用不同邻近图像点的信息进行估计。但是，插值过程要沿着图像的边缘，这使得插值过程不易实现。

隐式的插值方式与显式方法的最大区别在于，不需要对图像边缘点进行分类，而是简单区分是否为边界点。因此，对于不同的判别方式，得到的插值结果会由于不同判断方法而产生差异。

6.4　算法评价

6.4.1　可用性

保证地理数据在保密处理后仍然可用是地理数据保密处理的前提条件。矢量地理数据、栅格地理数据、三维地理数据保密处理算法可用性的评价指标各不相同。

1. 矢量地理数据

对于矢量地理数据，保密处理后的数据与原始数据的拓扑关系与位置关系应保持一致，且要求脱密变换平滑连续，满足数据正常叠加使用的需求。可基于图形形态相似性、空间拓扑关系一致性与空间方向一致性等指标对保密处理算法进行客观评价。

（1）图形形态相似性。保密处理后的矢量地理数据与原始数据在空间形态上越相似，则表明脱密算法对于原始数据的空间形态改变越小，对于空间拓扑关系的改变越轻微。因此空间形态相似性的评价指标可用于定量评价矢量数据在保密处理前后的空间形态与拓扑关系的一致性。

对于点状要素，可将其依次连接转化成线状要素数据结构进行处理。

对于线状要素 $l = \left\{ (x_i, y_i) \mid i = 1, 2, \cdots, n \right\}$，点个数为 n，其图形复杂度定义为

$$
\begin{cases}
l_c = \dfrac{\sum\limits_{i=1}^{n} \sqrt{\left(x_i - x_{i+1}\right)^2 + \left(y_i - y_{i+1}\right)^2}}{\sqrt{\left(x_1 - x_n\right)^2 + \left(y_1 - y_n\right)^2}} \\[4mm]
\alpha_c = \dfrac{\sum\limits_{i=1}^{n-2} \arccos\left(\dfrac{x_i x_{i+1} + y_i y_{i+1}}{\sqrt{x_i^2 + y_i^2}\,\sqrt{x_{i+1}^2 + y_{i+1}^2}}\right)}{2\pi} \\[4mm]
f_c = l_c + \alpha_c
\end{cases}
\tag{6-11}
$$

式中，l_c 为该线状要素的长度系数；α_c 为该线状要素的角度系数；f_c 为图形复杂度。

对于面状要素 p，点个数为 n，其图形复杂度定义为

$$
\begin{cases}
a_c = 1 + \dfrac{S - A}{S} \\[4mm]
\alpha_c = \dfrac{\sum\limits_{i=1}^{n-2} \arccos\left(\dfrac{x_i x_{i+1} + y_i y_{i+1}}{\sqrt{x_i^2 + y_i^2}\,\sqrt{x_{i+1}^2 + y_{i+1}^2}}\right)}{2\pi} \\[4mm]
f_c = a_c + \alpha_c
\end{cases}
\tag{6-12}
$$

式中，a_c 为该面状要素的面积系数；A 为该面状要素的面积；S 为与该面状要素等周长的圆的面积；α_c 为该面状要素的角度系数；f_c 为图形复杂度。

则保密处理前后矢量地理数据的图形形态相似性可表示为

$$S(A,B) = \frac{\sum\limits_{c=1}^{n} f_c}{\sum\limits_{c=1}^{n} f_c'} \times 100\% \qquad (6\text{-}13)$$

式中，$S(A,B)$ 为图形形态相似性；n 为图形的总个数；f_c 为原始矢量地理数据 A 第 c 个的图形复杂度；f_c' 为保密处理后矢量地理数据 B 第 c 个的图形复杂度。当 $S(A,B)$ 的结果越接近于 1，则表示脱密处理后的形态保持越好。而当 $S(A,B)$ 的结果等于 1，则说明保密处理过程仅为线性变换，没有起到应有的保密处理效果。在实际应用中需要依据实际情况对其空间形态相似性的计算结果进行评估。

（2）空间拓扑关系一致性。除了使用图形形态相似性对保密处理前后的拓扑关系进行评价之外，还可直接对矢量数据保密处理前后的拓扑关系进行遍历比较，得出保密处理前后数据之间的空间拓扑关系一致性，公式为

$$T(A,B) = \frac{s}{m} \times 100\% \qquad (6\text{-}14)$$

式中，s 为不同要素间拓扑关系保持一致的数量；m 为所有要素间的拓扑关系数量。在保密处理过程中，如果同一图层不同要素，或不同图层不同要素间的拓扑关系保持的越好，则表明该保密处理算法效果越好。

（3）空间方向一致性。保密处理后的点与其邻接的点在空间方位保持越好，则表示保密处理对于原始模型在空间方向上的影响越小。如图 6-5（a）所示，对于矢量数据中的任意一点 P_i，以其为原点将数据划分为四个象限。如图 6-5（b）所示，点 P_i 的邻接点 P_{i+1} 在经过保密处理后与原始数据相比，两者保持一致的空间关系，则表明该保密处理算法效果较好；而图 6-5（c）中两者的空间关系与原始数据不一致，表示保密处理效果较差。

设 $A = \{x_i, y_i\}_n$ 与 $B = \{x_i', y_i'\}_n$ 为保密处理前后的矢量地理数据，则其空间方向关系保持率为

$$P(A,B) = \frac{e}{n} \times 100\% \qquad (6\text{-}15)$$

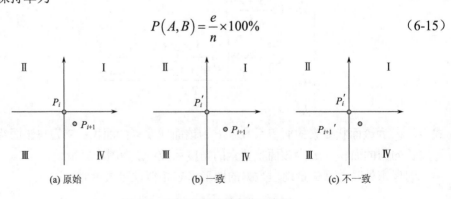

图 6-5　空间方向关系变化示意图

式中，$P(A,B)$ 为空间方向关系保持率；e 为空间方向保持一致的点数；n 为总点数。

2. 栅格地理数据

对于栅格地理数据，要求保密处理后的数据纹理要均匀自然，结构要连贯延续，目标边缘应当平滑，不能出现严重的模糊感、断裂感、不协调感等视觉效果，应当满足多数行业和公众的应用需求。

3. 三维地理数据

三维地理数据的保密处理算法，需要在控制其误差的同时保持数据空间在形态上不发生明显畸变，保持模型的可用性。可通过空间形态相似性、空间方向一致性及保密处理后模型立面的保持情况进行评价。

（1）空间形态相似性。将组成三维数据的各个三角形控制点依次连接，转化成线状要素数据结构并计算其图形复杂度。将矢量地理数据中二维线状要素图形复杂度定义推广到三维，设 $p=\left\{(x_i,y_i,z_i)\mid i=1,2,\cdots,n\right\}$ 为组成三维地理数据的各三角形控制点的集合，则图形复杂度定义为

$$\begin{cases} l_c = \dfrac{\sum\limits_{i=1}^{n}\sqrt{\left(x_i-x_{i+1}\right)^2+\left(y_i-y_{i+1}\right)^2+\left(z_i-z_{i+1}\right)^2}}{\sqrt{\left(x_1-x_n\right)^2+\left(y_1-y_n\right)^2+\left(z_1-z_n\right)^2}} \\[4mm] \alpha_c = \dfrac{\sum\limits_{i=1}^{n-2}\arccos\left(\dfrac{x_i x_{i+1}+y_i y_{i+1}+z_i z_{i+1}}{\sqrt{x_i^2+y_i^2+z_i^2}\sqrt{x_{i+1}^2+y_{i+1}^2+z_{i+1}^2}}\right)}{2\pi} \\[4mm] f_c = l_c + \alpha_c \end{cases} \tag{6-16}$$

式中，l_c 为单个线状要素的长度系数；n 为三角形控制点的总个数；α_c 为单个线状要素的角度系数；f_c 为其图形复杂度。则保密处理前后三维地理数据的图形形态相似性表示为

$$S(A,B)=\dfrac{\sum\limits_{c=1}^{n}f_c}{\sum\limits_{c=1}^{n}f_c'}\times100\% \tag{6-17}$$

式中，f_c 为原始三维地理数据 A 第 c 个的图形复杂度；f_c' 为保密处理后三维地理数据 B 第 c 个的图形复杂度；n 为图形的总个数。

（2）空间方向关系一致性。对原始模型的构成三角网边的向量进行保密处理

前后的结果进行对比,对边向量经过保密处理前后的夹角进行计算,通过设定一定弧度值阈值 ω 以判断其变化量是否能够有效保持空间方向的一致性,计算公式为

$$\begin{cases} P(A,B) = \dfrac{e}{n} \times 100\% \\ e = \text{sum}\left(\arccos\left(\dfrac{\vec{l_1} \cdot \vec{l_2}}{|\vec{l_1}||\vec{l_2}|} \right) < \omega \right) \end{cases} \qquad (6\text{-}18)$$

式中,e 为保密处理前后的夹角符合阈值的边个数统计结果;n 为统计的总边数;sum 为求和运算。结果越接近 100%,则表明脱密后的模型在空间方向上表现得越好。

（3）模型立面的保持情况。由于三维地理数据由三角网构成,其形状并非规则的平面,需要对采用半自适应的方式阶梯选取距离阈值拟合模型的立面厚度,即将所有网格顶点纳入为内群点,无离群的局外点的临界值。通过随机采样一致（random sample consensus,RANSAC）算法产生一个在一定概率下的合理拟合平面距离阈值结果,对比脱密前后的拟合结果产生的距离阈值差异,据此判断保密处理算法对模型的可用性的影响。

6.4.2　安全性

地理数据保密处理的根本目的是保护其安全,因此安全性是衡量保密处理算法的重要指标之一。保密处理算法的安全性是指数据经保密处理后应当具有一定的抗攻击能力,具体表现为使用一定的技术手段将保密处理后数据恢复为原始精度。若保密处理后数据经过攻击后不能恢复到较高的几何精度,则表明对应的保密处理算法安全性较高。

但是,任何保密处理算法的安全性都不是绝对的,攻击结果取决于攻击模型的选择、控制点的个数和分布等。保密处理算法的安全性也不能脱离其可用性,不能以牺牲可用性为代价换取高安全性。

6.4.3　可控性

保密处理算法的可控性指其对误差的控制能力,主要体现在保密处理对精度的控制及对变形的控制两方面。

对精度的控制通常使用中误差来描述。保密处理的中误差越接近设定的保密处理精度,则说明保密处理算法的可控性越好。

对变形的控制可以用保密处理后数据在各个方向的偏移来表述。若保密处理后数据在各个方向均匀偏移,则保密处理算法可控性较好;反之,若保密处理后数据在各个方向杂乱不均匀偏移,则说明算法可控性差,而且影响数据的可用性。

第7章 地理信息安全技术应用

随着数字化和信息化的快速发展，地理信息的重要性日益凸显。地理信息安全技术的应用背景主要源于对地理信息安全风险的认识和对信息安全需求的追求，旨在保护地理信息的安全。本章将阐述地理信息安全技术相关应用理论，探讨其在自然资源领域、公共安全领域、城市规划与管理领域的应用，并介绍测绘涉密成果全生命周期智能化安全管理体系的应用实例。

7.1 地理信息安全技术应用概述

地理信息在国民经济和国防建设中具有广泛应用。目前，随着空间数据采集手段的日益丰富和数据管理模式的精细化发展，地理信息在规模上成倍增长，其海量数据特征日益凸显，已成为大数据不可缺少的来源之一。数字化、信息化、云计算等技术的发展，使得地理信息的获取、拷贝与传输等操作越来越便捷，也导致数据泄密、盗版、侵权、窃取等行为带来的安全隐患的危害性越来越大，严重制约了地理信息产业安全可持续的发展。因此，迫切需要可靠的技术手段构建完善的地理信息防控体系，为地理信息的合法合规使用保驾护航。

地理信息安全技术是指使用安全措施保护地理信息数据免受未经授权的访问、修改和破坏的手段，可分为事先防范和事后追究两类。其中，密码学技术是事先防范的典型技术，主要通过密钥及加密算法对明文数据进行各种数学变换，从而得到杂乱无章的密文数据，只有经授权的用户才能够获取正确的密钥并对密文进行解密处理。访问控制技术同样作为地理信息事前防范的重要技术之一，主要通过已制定的访问策略，对访问人员的身份、权限及所处环境进行认证，对地理信息可访问的空间范围和时效区间进行精准控制。数字水印技术作为事后追究的代表性技术，通过在原始的地理信息中嵌入用户身份、使用期限等标识信息，能够做到信息安全事件发生后及时追根溯源，实现对地理信息的版权保护。

7.1.1 地理信息安全技术应用的意义和必要性

地理信息安全技术不仅可以保障地理信息数据安全，防范地理信息泄露风险，促进地理信息的共享和利用，保障地理信息服务的稳定性和可持续发展，符合国家法律法规要求，同时也可以提高地理信息安全管理水平，有利于地理信息服务产业的健康发展和可持续发展。

1. 保障地理信息数据安全

地理信息数据具有高度的敏感性和机密性，一旦被非法获取或窃取，可能会带来极大的安全隐患。地理信息安全技术可以保障地理信息数据的安全，防止未经授权的第三方获取和利用地理信息数据，从而保护国家安全和公民信息安全。

2. 防范地理信息泄露风险

地理信息数据的泄露可能会给国家安全和公民个人利益带来重大威胁。地理信息安全技术可以对地理信息数据进行加密和保密处理，防止未经授权的第三方获取和利用地理信息数据，从而有效地防范地理信息泄露风险。

3. 促进地理信息共享和利用

地理信息数据的共享对于推动经济社会发展、实现精准决策等具有重要意义。采用地理信息安全技术可以对地理信息数据进行加密和签名等操作，确保地理信息数据在共享过程中的安全性和可信性，从而促进地理信息的共享和利用。

4. 保障地理信息服务的稳定性和可持续发展

地理信息数据是地理信息服务的重要基础，采用地理信息安全技术可以对地理信息数据进行保密处理和数字签名等操作，确保地理信息数据的安全和可靠性，从而保障地理信息服务的稳定性和可持续发展。

5. 符合国家法律法规要求

地理信息安全技术的应用，可以确保地理信息符合国家法律法规的公开使用要求，可以避免地理信息数据的非法获取和利用，防范地理信息泄露风险，维护国家安全和公民个人信息安全，符合信息安全管理的基本要求，同时也有利于地理信息服务产业的健康发展和可持续发展。

6. 提高地理信息安全管理水平

地理信息安全技术的应用，需要进行系统的安全管理和控制，包括安全策略制定、安全风险评估、安全事件管理等方面的工作，可以提高地理信息安全管理水平，确保地理信息数据的安全和可靠性，提高地理信息服务产业的信誉和声誉。

7.1.2　地理信息安全技术应用的现状和趋势

随着地理信息技术的快速发展，地理信息安全技术的应用也在逐步得到广泛关注。目前，地理信息安全技术已经被广泛应用于各个领域，如国防安全领域、自然资源领域、公共安全领域、城市规划与管理领域等方面。

在国家安全领域，地理信息安全技术已经成为保障国家安全的重要手段。例如，通过地理信息安全技术，可以实现对边境、领土、重要军事设施等重点区域的精确定位和监控，加强对国家安全的保护。

在自然资源领域，地理信息安全技术可以用于自然资源数据的采集、存储、处理、分析和应用。例如，地理信息安全技术可以用于土地资源调查和评估，以及自然资源开发、利用的规划与管理。

在公共安全领域，地理信息安全技术可以用于公共安全数据的采集、存储、处理、分析和应用。例如，在应急管理方面，地理信息安全技术可以用于灾害事件的预警和预测，以及应急响应和救援。在安全监控方面，地理信息安全技术可以用于城市安全监控和管理，以及交通安全监控和管理。

在城市规划与管理领域，地理信息安全技术可以用于城市空间数据的采集、存储、处理、分析和应用。例如，在城市规划方面，地理信息安全技术可以用于城市空间数据的分析和评估，以及城市规划的设计和管理。在城市管理方面，地理信息安全技术可以用于城市基础设施的管理和维护，以及城市交通和环境的管理和监控。

随着地理信息技术和网络技术的快速发展，地理信息安全技术的应用也在不断发展和创新。

1. 大数据时代的地理信息安全技术应用

在大数据时代，地理信息安全技术需要支持对海量数据的快速处理和分析，同时保障数据的安全和隐私。因此，未来的地理信息安全技术需要结合大数据技术，实现对海量数据的高效处理和安全保护。

2. 地理信息安全技术的智能化应用

在智慧城市建设中，地理信息安全技术可以通过智能化的监控和管理，实现对城市信息的全面保护和控制。未来的地理信息安全技术还将结合人工智能技术，实现对地理信息的自动化管理和安全控制。

3. 地理信息安全技术的网络化应用

在物联网和边缘计算技术的支持下，地理信息安全技术可以实现对移动设备和传感器数据的安全管理和控制。未来的地理信息安全技术还将结合区块链技术，实现对地理信息的分布式安全管理和控制。

4. 地理信息安全技术的开放式应用

开放式地理信息平台可以为用户提供多样化的地理信息应用服务，而地理信息安全技术则可以为这些服务提供安全保障。未来的地理信息安全技术还将结合开放式数据标准，实现对地理信息的跨平台安全管理和控制。

7.1.3　地理信息安全技术应用的主要挑战

地理信息安全技术应用在有着广泛的应用前景的同时，也将面临更多的挑战和机遇，需要不断创新和发展，以适应不断变化的市场需求和技术趋势。

1. 数据安全

地理信息安全技术应用的一个主要挑战是数据安全。地理信息系统中所处理的数据通常是大量的、多源的、多格式的数据，其保护难度很大。数据的安全包括数据存储安全、数据传输安全和数据使用安全等多个方面。地理信息安全技术应用需要保证数据的机密性、完整性和可用性，防止数据被非法访问、篡改和破坏。

2. 隐私保护

地理信息安全技术应用的另一个主要挑战是隐私保护。随着地理信息技术的发展，人们越来越关注个人隐私的保护。在地理信息系统中，个人位置信息和轨迹数据等敏感信息被广泛采集和应用，对隐私的保护提出了新的挑战。地理信息安全技术应用需要采取有效的措施保护个人隐私，防止隐私被泄露或滥用。

3. 技术标准

地理信息安全技术应用的另一个主要挑战是技术标准。地理信息系统中所使用的技术标准涉及数据格式、数据共享、数据交换等方面。由于不同技术标准之间的差异，地理信息系统的数据共享和交换变得非常困难。为了解决这个问题，需要建立统一的技术标准，促进地理信息系统各部分之间的互操作性和数据共享。

4. 数据治理

地理信息安全技术应用的另一个主要挑战是数据治理。随着地理信息系统的数据量和复杂度不断增加，数据管理变得越来越困难。例如，数据的更新、存储、备份和恢复等方面都需要进行管理。数据治理需要包括数据生命周期管理、数据质量管理、数据安全管理和数据共享管理等方面。

5. 技术创新

地理信息安全技术应用的另一个主要挑战是技术创新。地理信息安全技术应用需要不断进行技术创新，以适应不断变化的技术和市场环境。例如，人工智能、大数据、物联网等新技术的出现，给地理信息安全技术应用带来了新的机遇和挑战。同时，新技术的引入也带来了新的安全问题。因此，地理信息安全技术应用需要不断地进行技术创新，以适应新的技术和市场环境，保持技术的领先优势。

7.2　地理信息安全技术在自然资源领域的应用

1. 密码学技术在自然资源领域的应用

在自然资源领域，密码学技术主要用于对重要地理信息数据的保护。例如，资源和环境调查部门需要收集大量的资源和环境数据，包括地形、气候、水文、生态、能源等方面的数据，这些数据需要进行统计、分析和应用。这些数据中包含了一些机密信息，例如，关于资源储量、环境质量、能源消耗等敏感数据。因此，资源和环境调查部门可以使用密码学技术对这些信息进行加密，确保只有授权的人员可以访问和处理这些数据。此外，密码学技术还可以应用于数据的网络通信，通过加密来保护数据传输的安全性。

2. 数字水印技术在自然资源领域的应用

在自然资源领域，数字水印技术主要用于对地图、卫星图像等重要地理信息数据的保护，保证资源和环境数据的真实性和完整性，并可以利用水印信息对非法的使用行为进行逆向追查。例如，资源和环境调查部门需要收集大量的地形数据，包括山川、河流、湖泊等，这些数据需要经过复杂的处理和分析，生成地图和地图模型。使用数字水印技术可以在地图模型、卫星图像等重要地理信息数据中嵌入特定标识性信息，在确保数据真实性与完整性的同时，还可以对非法的使用行为进行追溯，以水印信息为依据对相关方进行责任确定。

3. 访问控制技术在自然资源领域的应用

在自然资源领域,访问控制技术主要用于保护重要地理信息数据的访问权限。例如，在资源和环境调查部门需要处理资源和环境数据时，只有授权的人员可以访问和处理这些数据。因此，资源和环境调查部门可以使用访问控制技术对数据进行访问控制，确保数据的安全性。在气象数据领域，为了保证气象数据的机密性和完整性，必须对数据的访问进行控制。只有经过授权的人员才能够查看、修改、删除数据。

4. 保密处理技术在自然资源领域的应用

在自然资源领域，保密处理技术主要用于保护重要地理信息数据的机密性。例如，在矿产资源勘探领域，矿产资源的分布情况是非常重要的信息，这些信息的公开会对企业的商业利益产生严重影响。因此，需要对这些信息进行保密处理，以保护其机密性。

地理信息安全技术在自然资源领域的应用已经越来越广泛，不仅可以保护重要地理信息数据的安全性，还可以促进数据共享和开放，为自然资源管理和决策提供更加可靠的支持。同时，也需要不断探索和创新，以应对不断出现的新问题和挑战。

在自然资源领域，地理信息安全技术的应用还存在一些问题和挑战。例如，在数据共享方面，如何在保证数据安全性的同时促进数据的共享和开放是一个重要的问题。此外，由于自然资源数据的特殊性，数据采集和处理的过程也需要考虑地理信息安全问题。针对以上问题，一些新兴的技术，如区块链技术和人工智能技术，可以为地理信息安全提供更多的解决方案。

7.3　地理信息安全技术在公共安全领域的应用

1. 密码学技术在公共安全领域的应用

在公共安全领域，密码学技术主要应用于保护重要的地理信息数据的安全性。例如，在防止恐怖主义、犯罪等方面，公安机关需要收集和分析大量的地理信息数据，包括人员轨迹、车辆轨迹等，但这些数据是非常敏感的，必须进行加密处理，以防止被未经授权的人员获取和利用。此外，密码学技术还可以应用于公共安全网络通信中，通过加密来保护数据传输的安全性，避免网络攻击和信息泄露等风险。

2. 数字水印技术在公共安全领域的应用

在公共安全领域，数字水印技术主要应用于保护公共安全相关地理数据的真实性与完整性，并对非法的使用行为进行追溯和事后追责。例如，包含大量公共基础设施信息的数字地图与卫星图像等数据，使用数字水印技术可以在这类数据中嵌入时间、地点、分发人等重要标识性信息证明数据的真实性与完整性。在确保数据真实性与完整性的同时，还可以对非法的使用行为进行追溯，以水印信息为依据对相关方进行责任确定。

3. 访问控制技术在公共安全领域的应用

在公共安全领域，访问控制技术主要应用于保护重要的地理信息数据的访问权限。例如，政府、公安机关等部门，为了保护重要地理信息数据的安全性，必须对数据的访问进行控制，只有经过授权的人员才能够查看、修改、删除数据。此外，在保护公共安全网络安全方面，访问控制技术也有着重要的应用。

4. 保密处理技术在公共安全领域的应用

在公共安全领域，保密处理技术主要用于保护重要信息的机密性。例如，在国家建设与安全方面，政府部门需要处理大量的地理信息数据，包含很多不能对外公开的机密数据，如城市管线数据、军事基地数据等，这些数据的泄露会给国家安全造成严重的危害。因此，必须采取保密处理技术对这些数据进行脱密与脱敏处理，降低数据精度及密级，以保证重要信息的机密性。

地理信息安全技术在公共安全领域的应用非常广泛，可以用于对重要信息的保密处理、版权信息嵌入、数据的加密传输、访问控制等方面。这些技术的应用可以提高公共安全工作的效率和水平，保障国家安全和人民生命财产安全。

随着科技的不断发展和社会的不断进步，黑客攻击和恶意行为也不断增多，地理信息安全技术也需要不断地创新和完善，以更好地适应公共安全领域的需求。因此，未来地理信息安全技术的研究和应用将面临更大的挑战和机遇，需要持续不断地加强研究和创新，以更好地保障公共安全和社会稳定。

7.4　地理信息安全技术在城市规划与管理领域的应用

1. 密码学技术在城市规划与管理领域的应用

在城市规划与管理领域，密码学技术可以用于保护城市规划数据、城市基础设施数据、城市人口数据等敏感信息的机密性。城市规划信息是一种包含大量敏感信息的信息资源，包括城市用地分布、建筑物高度、交通道路规划等。这些信息对于城市规划和管理来说至关重要。在处理城市规划信息时，需要采用加密技术，确保信息不被窃取和篡改。密码学技术可以对城市规划信息进行加密和解密，保障信息的安全性。例如，城市规划部门需要制定城市发展规划，并将规划数据交给政府管理部门，而规划数据中包含有关城市建设的机密信息，如土地利用、城市基础设施等，规划部门可以使用密码学技术对这些信息进行加密，确保只有授权的人员可以访问和处理这些数据。

2. 数字水印技术在城市规划与管理领域的应用

数字水印技术是在数字数据中嵌入特定信息的技术，该信息不会影响原始数据的内容和结构，但可以用于验证数据的完整性和真实性。在城市规划与管理领域，数字水印技术可以用于保护城市地图、卫星图像、城市数据等敏感信息的真实性和完整性。城市地图是一种包含大量敏感信息的信息资源，包括城市地理位置、建筑物位置、交通道路等。这些信息对于城市规划和管理来说至关重要。在处理城市地图时，需要采用数字水印技术，确保信息不被篡改和盗用。例如，城市规划部门需要收集大量城市基础设施数据，如道路、桥梁、地下管网等，这些数据需要经过复杂的处理和分析，生成城市地图。使用数字水印技术可以在城市地图中嵌入特定信息，确保地图的真实性和完整性。

3. 访问控制技术在城市规划与管理领域的应用

在城市规划与管理领域，地理信息通常是由多个部门或机构共同维护的，访问控制技术可以用于保护城市规划数据、城市基础设施数据、城市人口数据等敏感信息的访问权限。例如，在城市管理部门需要处理城市基础设施数据时，他们可以使用访问控制技术来限制数据访问权限，只有具有授权的人员才能访问和处理这些数据，确保敏感信息不会被未经授权的人员访问。另外，访问控制技术还可以用于数据审计。城市管理部门需要监控数据的使用情况，以确保数据被正确使用和处理。使用访问控制技术可以记录数据的访问历史和修改历史，为城市管理部门提供审计和监管的依据。

4. 保密处理技术在城市规划与管理领域的应用

在城市规划与管理领域，保密处理技术可以用于保护城市重要建设与规划数据的机密性和人口数据、社会保障数据等敏感信息的隐私性。例如，城市管理部门需要收集和处理城市各个区的规划建设数据和人口数据，这些信息需要在保护机密和隐私的前提下进行处理和分析，以制定相应的政策。使用保密处理技术可以对这些机密敏感信息进行脱密脱敏处理，确保数据的机密性和隐私性不会被泄露。另外，保密处理技术还可以用于数据共享。城市规划和管理需要涉及多个部门和机构，需要共享数据。使用保密处理技术可以保护数据的机密性，同时确保数据的可共享性，提高数据的利用价值。

地理信息安全技术在城市规划与管理领域中具有重要的应用价值，可以保证城市规划与管理中的数据的机密性、完整性和可靠性，帮助城市规划和管理部门更好地管理城市数据，提高数据的利用价值。

随着大数据和人工智能技术的发展，城市规划和管理中的地理信息数据量也将不断增大，在此背景下，如何对这些海量数据进行有效的安全管理将成为一项重要的挑战。地理信息安全技术将与大数据和人工智能技术相结合，为城市规划与管理提供更加全面和智能化的安全保障。

7.5　测绘涉密成果全生命周期智能化安全管理体系

基础测绘是促进国民经济和社会发展的一项前瞻性、公益性工作，其测绘涉密成果不仅是各级政府管理和决策各项建设和规划的重要依据，更是国土、规划、城市建设、环境保护、农业、水利、交通、通信等各项工程建设在地理分布及定位方面的基础资料，是社会发展的数据基石。

由于不同的使用目的或应用项目结束等，测绘涉密成果应该在一定的生命周期内进行销毁，并必须报其单位主要领导审批和原测绘成果提供单位备案。同时，还规定利用涉密测绘数据开发生产的产品，在未经上级测绘行政主管部门保密技术处理的情况下，按"其秘密等级不得低于所用测绘成果的秘密等级"的规定进行管理。

测绘涉密成果全生命周期智能化安全管理体系在保证完成测绘涉密成果保密管理制度规定前提下，能进一步提升数据中心测绘涉密成果的安全管理水平，提高测绘涉密成果的安全管理效率，创新测绘涉密成果的安全管理方式，实现测绘涉密成果全生命周期的一体化、智能化的安全管理。

1. 测绘涉密成果版权的可追溯、责任可追查

利用数字水印技术嵌入可见水印和不可见水印，可实现测绘涉密成果版权快速、准确的核定和追溯；并通过嵌入不同的测绘单位信息，可以明确泄密数据的来源，确认测绘涉密成果的泄密单位，从而明确泄密责任单位，并警示和处罚泄密、侵权等非法行为，达到防微杜渐的效果。

2. 测绘涉密成果的全方位精准控制

利用访问控制技术，对测绘涉密成果进行加密控制，可对测绘涉密成果的使用环境、使用平台、使用期限、使用操作等进行有效控制，并能在测绘涉密成果到期后进行自动销毁，从而实现测绘涉密成果的全方位精准控制和严密管控，有效防止测绘涉密成果的非法泄密。

3. 测绘涉密成果全生命周期的安全防护

通过密码学技术、数字水印技术等信息安全前沿技术，对测绘涉密成果进行全方位的安全防护；并通过测绘涉密成果智能化安全管理系统的建设，对测绘涉

密成果进行集中化和统一化的安全管理。在数据管理、数据分发和数据应用等全生命周期环节，实现"进不来""拿不走""看不懂""跑不掉"的测绘涉密成果全生命周期的安全防护策略。

4. 测绘涉密成果的智能化和一体化管理

将数据管理机构、成果分发部门和测绘单位进行有机整合，将身份管理、成果管理和安全防护进行无缝衔接，实现测绘涉密成果的智能化和一体化管理，从而全面提升测绘涉密成果的安全管理水平和提高测绘涉密成果的安全管理效率。

测绘涉密成果全生命周期智能化安全管理体系建设步骤如下。

（1）以水印嵌入和数据加密技术为中心，通过数学理论及水印与加密相关知识的研究，结合测绘涉密成果特征，建立相应的水印嵌入模型和检测模型及数据加密模型；利用理论与试验相结合的方法研究测绘涉密成果的水印、加密模型和算法，对所建立的模型和算法进行分析、修正和完善。

（2）根据相关行业标准，结合先进的数字水印和加密技术，制定数据水印嵌入、数据加密方案和精度标准，研制一系列不同比例尺、不同数据格式的水印嵌入方案。所构建的测绘涉密成果水印嵌入和加密方案应具有水印不可感知性、不可抵赖性、良好的鲁棒性、精度可控制性、水印信息容量无限制、加密的安全性等特性。

（3）数据主管部门可针对不同测绘单位需求，通过自动控制测绘单位加密系统方式，有效控制测绘涉密成果的自动销毁。

（4）对于测绘单位编辑后的加密矢量数据，可通过变化检测技术分析矢量数据的版本，依据变化检测的结果，快速有效判断是否符合数据解密的标准，节省工作人员时间，减轻其工作负担。

（5）利用软件工程思想建立测绘涉密成果加密与管理系统。遵循面向对象的设计原则，采用组件编程，使得代码具有较好的重用性、可维护性、可移植性。同时，该系统平台具备较好的开放性、高扩展性、实用性和规范性等特征，使其能够适应测绘涉密成果安全管理的要求。

第8章 地理信息安全管理方法

地理信息是国家信息资源的重要内容之一,与国家安全与公共利益密切相关。制定完善的相关政策法规是实现地理信息有效监管与保护的根本手段,但是,现行的政策法规尚不完善,给地理信息保护带来巨大挑战。本章对现行的地理信息安全管理方法存在的问题进行了总结,并在参考国外发达国家经验的基础上,针对性地提出了健全方法。

8.1 地理信息安全体系监管政策

8.1.1 地理信息从业主体准入与清退政策

地理信息产业是一种以现代测绘、地理信息系统、遥感和卫星导航定位等技术为基础,以地理信息开发利用为核心,从事地理信息获取、处理、应用的高新技术服务业,与国家安全和公共利益密切相关。为了保障国家安全,促进地理信息产业和经济发展,需要建立健全的地理信息从业主体准入与清退政策。

制定地理信息从业主体准入与清退政策需要遵循以下基本原则。

(1)要有效平衡安全、效率、公平。即将安全作为基础,以效率和公平为保障,实现三者之间的有效平衡。

(2)要维护国家主权和政治安全。即不能单纯以经济利益为导向,而是要将维护国家主权与政治安全作为首要原则。

(3)要根据不同安全保护级别的地理信息对从业主体提供不同的准入条件与管理原则,实现分类准入和分类管理。

这些原则将有助于确保地理信息从业主体的合法性和合规性,有效地保障国家安全和公共利益,促进地理信息产业和经济发展的良性循环。

尽管国家和相关部门已制定一系列法律法规来规范管理地理信息从业主体的准入和清退,但我国地理信息从业主体准入与清退政策仍存在以下问题。

(1)对于特殊、涉密的从业主体等级标准和准入条件划分过于粗略,缺乏可操作性的指导方法。

(2)对从业单位和从业人员的保密资格审查未形成统一规范,存在保密审查走过场、不合格单位或人员获得从业资质等问题。

(3)信用评价标准规定不够完善,缺乏利用信用评价结果对业务范围进行限制及对不良信用信息的监管力度不足。

（4）地理信息市场缺乏清退政策，导致从业主体不担心被清退，降低了地理信息安全保护意识，甚至出现违法违规行为。

基于以上所阐述的关于地理信息从业主体准入与清退政策的基本原则与目前存在问题，建立健全我国地理信息从业主体准入与清退政策可以从以下几个方面展开。

（1）对不同的业务活动实行不同的市场准入与管理政策，并针对不同安全保护级别的地理信息对从业主体提供不同的准入条件与管理原则。

（2）建立有权进行地理信息资质认证的相关机构，统筹管理地理信息的资质认证工作。

（3）科学合理规定地理信息从业主体资质等级标准和准入条件，将地理信息从业主体资质认证管理进行标准化。

（4）重视地理信息从业人员资认证政策，对从业人员的专业素质和职业操守进行认证，确保地理信息从业人员具备必要的知识和技能。

（5）建立信用评价体系，利用信用评价结果来限制从业主体的业务范围，对信用等级较低或有不良信用信息的地理信息从业主体单位加强监管。

（6）完善地理信息市场清退政策，建立从业主体违法违规行为的处罚机制，严格执行清退政策，提高地理信息从业主体对地理信息安全保护的意识。

8.1.2　涉密地理信息传播与使用审批政策

地理信息是国家重要的基础战略资源，但随着信息技术的快速发展与地理信息的广泛应用，涉密地理信息安全管理面临严峻形势。因此，要实现"该保密的实行严格保密，不该保密的实行全面公开"，即实现保密与共享的有效平衡，必须建立严密的涉密地理信息传播与使用审批政策。

涉密地理信息传播与使用的审批政策制定需要遵循以下几条基本原则。

（1）事前审查原则。对涉密信息的使用与传播审批应该在事前进行，且这种审查应该是全面的，即在信息传播前、使用前过滤掉不应当公开的信息，审查内容包括地理信息的内容、邮件附件、标题等。

（2）利益平衡原则。这要求政府在地理信息传播与公开的同时，兼顾社会公共利益与私人利益，并力求在二者之间寻求平衡。

（3）坚持"公开为常态，不公开为例外"的公开原则。制定并严格执行严密、完备的涉密地理信息传播与使用审批政策，才能更好地在共享和保密之间找到平衡点。

目前，国家与相关行政主管部门制定了一系列法律法规用于涉密地理信息传播与使用前的审批，经过对这些法律法规的梳理与分析，可以发现我国现有的审查政策主要存在以下几个问题。

（1）审批主体及其权限划分不明确。现有政策缺乏对各级行政主管部门的权力范围、审批内容等的划分，导致无人审批、同一地理信息多方重复审批和越级审批现象的发生。

（2）涉密地理信息审查标准不明确。存在一些项目的地理信息同时受地方机关与军方管理，但二者对同一地理信息审批标准不一致的现象。

（3）惩处机制与问责机制不健全。现有惩处机制存在处罚执行主体不明确、权责分配不协调、责任划分不明确、问责主体不科学、问责基准不明确等问题，使得审批政策的威慑力降低。

基于所阐述的关于涉密地理信息传播与使用审批政策的基本原则与目前存在的问题，建立健全涉密地理信息传播与使用审批政策可以从以下几个方面展开。

（1）进一步科学界定地理信息服务的许可主体，在提高审批效率的同时，也促使保密部门加强对涉密地理信息使用与传播审批的把关力度。

（2）进一步加强针对保密资格与保密技术审查，完善地理信息传播、使用备案与登记管理，建立自查与送审相结合的审查程序。

（3）进一步健全涉密地理信息使用与传播违规行为的处罚机制与问责机制，建立相对应的安全执法机构，同时明确问责主体及其权责，制定规范的问责程序，构建明确的问责体系。

8.1.3　地理信息风险监控政策

地理信息风险监控对于地理信息安全保护具有重要意义。通过对地理信息全生命周期的风险监控，一方面可以根据涉密程度，明确地理信息涉密级别的区分。另一方面可以根据地理信息密级分类，明确不同密级的地理信息可以在哪些范围内供哪些使用者使用。地理信息安全的保护绝不只是某一环的工作，而是贯穿地理信息系统建设的整个生命周期，只有提前进行风险监控，才能妥善应对可能发生的意外事故。

虽然我国目前在地理信息风险监控方面的法律法规相对较多，但仍存在一些突出的问题。

（1）风险评估的标准不严密，应急响应机制不完善。我国目前的涉密地理信息的保密价值大多并没有经过科学的评估，这些信息为什么需要保密，一旦泄露可能导致的危害程度有多大等不得而知。

（2）现行的地理信息风险监控政策没有突出自身特性。对于地理信息而言，盲目控制其限制范围尽管可以在一定程度上提高安全保护的程度，但同时也极大破坏了其共享原则。

（3）地理信息风险监控政策滞后。目前有关地理信息风险监控的政策大都集中于测绘领域，但仅发展建设测绘行业的安全保护工作，无法满足地理信息安全管控的整体发展需求。

基于所阐述的关于地理信息风险监控政策目前存在的问题，建立健全地理信息风险监控政策可以从以下几个方面展开。

（1）制定有针对性的法律和行政法规，形成政策体系化。我国目前急需制定一部"地理信息安全法"作为地理信息安全领域的专门性法律，同时还需要梳理我国现有的涉及地理信息安全的法律法规，并进行查漏补缺，形成政策体系化。

（2）建立网络日常监控机制。明确相关部门日常网络巡查职责，建立涉密地理信息网络关键词数据库，强化网页涉密地理信息内容管理，建立健全网络地理信息日常管理规定，对涉密人员在涉密期的个人网络行为严格管控等。

（3）建立泄密预警与应急机制。包括举报渠道的建设、审查渠道的建设、监控渠道的建设、地理信息监管平台的建设以及应急决策处理层的建设等。

（4）建立泄密突发事件的分级应急机制，理顺各级安全管理部门的权责关系。例如，可以根据地理信息涉密程度，以泄密事件中涉及的涉密信息为标准进行突发事件级别分级，同时将地理信息安全管理部门进行分级，各级部门管理并负责对应级别的突发事件，避免多头领导和扯皮推诿等事件的发生。

8.1.4　地理信息知识产权保护政策

地理知识产权指任何人、团体或组织通过信息采集、数据处理、实验等方式所得出的任何形式的地理信息或地理信息产品具有排他性的所有权。中国的地理信息产业来到了发展的黄金机遇期，地理信息服务产值高速增长，如何在网络背景下保护地理信息的知识产权已成为新时期保障地理信息安全的重要课题。

在地理信息产业的发展黄金期，地理信息知识产权发挥了不可或缺的作用。它规范并调节了市场经济秩序，为地理信息共享、资源社会效益提升和经济效益提升提供了保障。在作品创作时，知识产权的保护充分体现了对智力创造活动的尊重和肯定，激励了作者进行新的智力投资并创造出更优秀的地理信息产品，进而促进了地理信息的商业化和产业化，从而促进了经济和社会的进步。

目前我国地理信息知识产权保护的发展仍存在一些突出的问题。

（1）政策法规过于笼统，相关规定不明确，缺乏针对性的保护性规定。现有法律法规对除了单一测绘成果以外的其他地理信息成果与产品的界定存在相当程度的空白，这导致主管部门在制定政策和执行监管时都遇上了较大困难。

（2）从业主体缺乏对知识产权保护的重视。目前，许多从业主体受到国家财政资金补助或者拥有稳定的业务渠道的支持，使其在市场竞争中处于有利地位。然而，这种优势地位往往导致了对知识产权保护的忽视。

（3）地理信息知识产权侵权行为的行政救助不足。行业相关的知识产权纠纷事件发生时，可依照现行法律法规解决成功的案例不多，司法惩罚费时费力，但却没有完整健全的行政救助机制。

基于所阐述的关于地理信息知识产权保护政策目前存在的问题，建立健全地理信息知识产权保护政策可以从以下几个方面展开。

（1）进一步明确知识产权保护范围、版权保护事项。这既可以减少对应主管部门在执行监管时所遇到的阻力，又可以确保知识产权保护可操作，违规行为处罚有法可依。

（2）强制推行版权保护技术。在互联网背景下，地理信息知识产权保护的成功与否很大程度取决于地理信息版权保护技术的创新与运用。强制推行这些技术不仅可以有效保障传输中的地理信息安全，也可以大大降低地理信息产权保护的成本。

（3）明确地理信息知识产权侵权行为的追责方式，建立针对版权保护技术措施的保护政策。

8.2　地理信息安全运行保障体制

8.2.1　地理信息安全组织管理体制

地理信息安全主体众多，如何明确不同主体在地理信息安全组织管理体制中的权责，并重新建立合理的安全组织管理体制是保障地理信息安全的重要课题。

随着科学技术的飞速发展，地理信息产业已经进入高质量发展阶段，行业创新能力不断增强。可以说，地理信息安全既事关满足公众需求，又事关国家安全基础。因此，地理信息安全组织管理体制的完善是我国国家治理体系现代化发展进程中不可或缺的一部分。

我国涉及地理信息安全的国家机关数量众多，但这些众多机关之间职能并不明确，缺少一个完整的执法体系与行政问责制度。为了健全我国地理信息安全组织管理体制，可以借鉴国外具有代表性的安全组织管理体制。国外具有代表性的安全组织管理体制主要分成政府主导型体制、政府调控型体制、市场主导型体制。这三种体制最大差别即为政府与市场的决定权占比。

结合我国国情，可以借鉴的内容分为以下几点。

（1）政府必须成为组织管理体制中的主体。我国目前虽然存在有关地理信息安全保护的行业协会，但其所起的作用仅限于行业内，对行业外的其他领域并没有约束作用。

（2）不能忽视行业协会、公民的作用。在社会主义市场经济体制下，政府无法做到对所有行业大包大揽，而是需要依靠行业协会共同管理。与此同时，每个公民几乎都是地理信息的使用者，自觉履行维护地理信息安全是每一个遵纪守法的公民应尽的义务。

（3）必须不断健全地理信息安全的法律法规和行政问责制度。无论是哪一种安全组织管理体制，完善的地理信息安全法律法规和行政问责制度都是不可或缺的。只有依靠这样的法律法规与行政问责制度，才能做到收、放都不乱。

基于所阐述的关于地理信息安全组织管理体制目前存在的问题，并在借鉴国外体制优势后，建立健全地理信息安全组织管理体制可以从以下几个方面展开。

（1）建立国家层面的协调机构。地理信息安全是国家安全观的重要基础，但我国涉及地理信息安全方面还缺乏一个专门的议事协调机构，以实现对地理信息安全相关工作的统一指导。

（2）明确各主体的职能，完善领导体制。必须强化自然资源部的职能与权威，使其拥有行业指导、业务指导、人才培养和标准评估等方面的绝对话语权。

（3）建立健全地理信息安全执法体系与问责制度。建立健全执法体系，例如，与公安部门联合建立专门负责对地理信息安全违法犯罪行为执法的地理信息安全警察；同时需要健全行政问责制度，明确需要问责的行为内容，问责权力方等。

8.2.2 地理信息安全监管体制

目前，国内各行各业对地理信息的需求与日俱增，在众多领域中得到日益广泛的应用。地理信息之所以成为政治战略资源，是因为包含可定位的空间信息，这直接关系到了国家安全问题。地理信息已深深根植于国家经济社会发展的众多领域。因此，加强地理信息安全监管既是维护国家安全利益的需要，也是促进经济社会发展的需要。

但是，随着计算机及通信技术的飞速发展，我国地理信息安全隐患日益凸显，地理信息领域失密、泄密事件时有发生，我国地理信息安全监管面临巨大挑战。

（1）地理信息行政监管理念落后。与国外相比，我国对于地理信息安全监管的理念落后。

（2）地理信息部门监管力度不足。我国行政组织管理方式在管理与任务层次都进行了高度明确的分工，导致地理信息领域的安全监管职能分散在测绘地理信息各个部门中。

（3）地理信息安全公众监管参与主体单一，参与力度不足，随意性较大。在我国公众中，地理信息安全的监管缺乏全民参与，而普通民众不愿投入相关时间和精力。

　　为了健全我国地理信息安全监管体制，可以借鉴国外比较成熟且具有代表性的安全监管体制建立经验，包括国外开放式的地理信息安全监管理念与有效协调的顶层设计，另外可以充分调动非政府的力量，加强安全监管中的公共参与，调动公众保护地理信息安全的积极性，形成地理信息安全监管网络化结构。

　　基于所阐述的关于地理信息安全监管体制目前存在的问题和国外的经验，建立健全地理信息安全监管体制可以从以下几个方面展开。

　　（1）调整地理信息安全监管思路。监管思路应从先前的"保"调整为"积极开放与应用"，坚决贯彻"公开为常态，不公开为例外"的公开原则，在保障地理信息安全的基础上保证地理信息可以得到共享和充分利用，实现保密与共享的有效平衡。

　　（2）完善地理信息安全监管部门协调机制，加大监管力度。目前，我国尚未形成"上下一条线"的、从中央到地方的监管体系，需要对国家局和地方测绘地理信息行政主管部门设置进行完善，将相关业务与部门一一对应，机构设置体系化，实现各部门资源整合。

　　（3）建立健全地理信息安全公共监督机制。为公民参与监管提供更方便的条件，建立公众参与监管的激励与奖励制度。

　　（4）完善地理信息安全监管法治机制，提高违法成本，避免有法不依。

8.2.3　地理信息安全政策供给体制

　　随着各领域、多种类的相关技术的高速发展与广泛应用，地理信息产业也得到了快速发展，但同时也给地理信息安全带来了前所未有的挑战。我国目前的地理信息安全政策供给体制主要存在以下几个问题。

　　（1）层级政府事权与财权不相匹配。我国中央政府和地方政府之间的财权和事权分配常常存在不合理的情况。随着地方财权逐渐下降，地方政府在地理信息安全政策的制定和执行中面临着人力和财政支持不足的问题，这造成了地方政府在保障地理信息安全方面的困境。

　　（2）政策供给协作主体权责关系不明确。中央与地方权限划分不明确、跨界部门职责模糊不清，当出现重大地理信息泄露问题时，无法准确追究责任归属。

　　（3）监控机制存在不完善的情况。在法律层面，监控权力缺乏实质性的操作性。

　　基于所阐述的关于地理信息安全政策供给体制目前存在的问题，建立健全地理信息安全政策供给体制可以从以下几个方面展开。

　　（1）确立完善的财权与事权分配机制。确保权责明确、相匹配，从而保障地方政府获取和整合资源时有足够的人力和物力支持。

（2）明确协作主体的责权关系。不再使用传统总量分割的权责划分方式，而是依据各级政府的实际责任进行职责与权力的分配，保证中央与地方政府权责统一。

（3）完善地理信息安全政策供给问责机制。一方面，要强化机关权力监督与问责；另一方面，应依托公民和第三方机构的力量，形成有效制衡。

8.3　健全地理信息安全体系建设所需机制

8.3.1　地理信息安全人才队伍建设机制

当前我国地理信息技术的发展面临很多问题，如地理信息安全服务的安全问题、地理信息共享安全问题、地理信息共享的产权问题等。虽然目前拥有一定固定数量的从事地理信息安全工作的人才队伍，但相关技术不是一成不变的，而是随着其他相关领域的技术更迭而不断变化，人才队伍的知识更新、技术更新、管理更新是非常有必要的。我国地理信息的安全离不开掌握先进技术的高素质专业人才与高素质管理人才。

为了建立有效的地理信息安全人才选拔与考核机制，主要需要遵循以下几条基本原则。

（1）"金字塔原理"。在这种金字塔结构中，思想之间的联系方式既可以是纵向递进的，也可以是横向并列的。这对地理信息安全行业全面科学地培育人才有很强的指导意义。

（2）"木桶理论"。一个水桶能盛多少水，并不取决于桶壁上最长的那块木板，而是取决于最短的那片。放到地理信息安全行业人才管理领域，构成组织的各个部门往往是优劣不齐的，而劣势部分往往决定整个组织的水平。

（3）"竞争效应"。可以有效地运用竞争杠杆原理，通过竞争效应激发工作人员的工作干劲，激活人才队伍的智力潜能，增强人才队伍的危机意识与创新意识，这样才能有持续不断的活力，让真正的地理信息安全人才在价值创造活动中得到重视。

虽然我国已在地理信息人才队伍建设方面进行了一定努力，也取得了一定成效，但仍存在很多问题。主要表现在精通地理信息安全理论和技术的尖端人才缺乏、安全教育普及率低，许多地理信息安全人才缺乏涉密信息保密意识及承担相应法律责任的意识。

基于所阐述的关于地理信息安全人才队伍建设的基本原则与目前存在的问题，建立健全地理信息安全人才队伍建设机制可以从以下几个方面展开。

（1）建立实用的地理信息安全人才培育和选拔机制。要想保证地理信息安全人才的数量和质量，最重要的就是建立地理信息安全人才的培育和选拔机制，从而保证地理信息安全人才队伍有源源不断的高质量血液注入。

（2）建立有效的地理信息安全人才的联合培养和实战训练机制。

（3）建立健全的地理信息安全人才考核激励机制，在物质与精神上分别对人才进行一定的支持，最大限度地激发现有工作人员的工作热情。

8.3.2　地理信息安全财政保障机制

地理信息安全的财政保障可界定为：为保障地理信息安全目标，由测绘地理信息部门、财政部门等制定和实施的各种财政政策工具和监管手段。当前，我国地理信息安全工作中的财政经费困难问题一直是工作开展的"瓶颈"，无论是人才培养或是工作开展都需要投入大量的资金，只有健全有效的财政保障机制，才能真正保障我国地理信息的安全。

我国目前的地理信息安全财政保障机制不足主要表现在以下几个方面。

（1）地理信息安全财政资金总量不足，保障能力有待加强。总体来看，我国地理信息安全财政保障的资金投入总量明显偏低，满足不了目前我国地理信息安全工作对财政资金的需要。

（2）地理信息安全财政支出结构不合理。部分工程资金拨款不合理，这直接导致了地理信息安全财政保障经费的不足，甚至难以支付工作人员的正常工资，人才培养、技术研发等重要工作更是无法开展和进行。

（3）地理信息安全的财政监督机制存在不足。首先，在监督方面缺乏多元化和合理性；其次，缺乏预防性和过程性监督，监管机构长期处于被动状态，仅限于形式上的履职。

一些发达国家在地理信息安全财政保障机制方面有许多共同优点，值得我们借鉴与学习。其一，可以建立一整套健全的地理信息安全财政保障机制的法律体系，并根据工作需求的不断变化，推出更新更完善的细节；其二，注重财政供给的平衡分配；其三，大力鼓励社会参与，广泛利用民间力量，更好地确保地理信息安全工作资金的有效供给。

基于所阐述的关于地理信息安全财政保障机制目前存在的问题并参考国外经验教训，建立健全地理信息安全财政保障机制可以从以下几个方面展开。

（1）完善我国地理信息安全财政保障的法律法规。明确规定政府在保障国家地理信息安全的权责、明确规定地理信息安全财政经费预算占比比例、明确规定地理信息安全财政保障资金的分担比例。

（2）建立地理信息安全财政支出有效平衡机制。处理好中央财政与地方财政之间的关系，对于一些国家级的地理信息安全项目，中央财政要做好充足保障；对于一些地方地理信息安全项目，中央财政要做好帮扶措施。

（3）完善地理信息安全财政保障的监管机制。建立地理信息安全财政保障资金的绩效评估机制，加强地理信息安全财政保障资金的审计工作，引进外部有效的审计单位，建立地理信息安全财政公开制度。

（4）建立地理信息安全财政保障的多元供给机制。通过引入社会资本实现投资主体多元化，推进地理信息行业投融资体制改革。

主要参考文献

陈时奇, 钮心忻, 杨义先. 2001. 数字水印的研究进展和应用. 通信学报, 22(5): 71-79.

陈玮彤. 2021. 遥感影像抗屏摄鲁棒水印模型与算法. 南京: 南京师范大学博士学位论文.

丛婧. 2020. 面向网络安全传输的矢量地理数据加密技术研究. 南京: 南京师范大学硕士学位论文.

丁凯孟, 朱长青. 2015. 一种面向遥感影像内容认证的多级权限管理方法. 地球信息科学学报, (1): 8-14.

方立娇, 李子臣, 丁海洋. 2021. 基于ElGamal的同态交换加密水印算法. 计算机系统应用, 30(5): 234-240.

谷松. 2014. 建构与融合: 区域一体化进程中地方府际间的利益关系协调. 行政论坛, 21: 65-68.

郭春梅. 2018. 区块链共识算法的研究与实现. 南京: 南京理工大学硕士学位论文.

何建邦, 闾国年, 吴平生, 等. 2000. 地理信息共享法研究. 北京: 科学出版社.

黄一才, 李森森, 郁滨. 2023. 云环境下对称可搜索加密研究综述. 电子与信息学报, 45(3): 1134-1146.

贾培宏, 马劲松, 史照良, 等. 2004. GIS空间数据水印信息隐藏与加密技术方法研究. 武汉大学学报(信息科学版), 2004(8): 747-751.

江栋华. 2018. 顾及整体变换与随机扰动的矢量数据组合脱密模型研究. 南京: 南京师范大学硕士学位论文.

江琦. 2014. 国外地理国情监测经验借鉴与思考. 甘肃科技, 30(7): 44-47.

蒋超. 2009. 流密码算法中的Feistel化和S盒设计. 上海: 上海交通大学硕士学位论文.

蒋力, 2012. 基于正交分解的交换密码水印技术研究. 武汉: 武汉大学博士学位论文.

赖建昌, 黄欣沂, 何德彪, 等. 2021. 基于商密SM9的高效标识签密. 密码学报, 8(2): 314-329.

李安波, 陈楹, 姚蒙蒙, 等. 2018. 涉密矢量数字地图中敏感要素几何信息量的测度方法. 地球信息科学学报, 20(1): 7-16.

李安波, 吴雪荣, 解宪丽, 等. 2016. 精度可控的矢量地理数据脱密方法. 中国矿业大学学报, 45(5): 1050-1057.

李凤华, 苏铓, 史国振, 等. 2012. 访问控制模型研究进展及发展趋势. 电子学报, 40(4): 805-813.

李根洪, 陈常松. 2003. 我国地理信息相关的政策法规. 地理信息世界, 1: 41-43, 47.

李丽芬, 肖志云. 2022. 基于小波融合的图像插值算法. 电子测试, 36(11): 53-55.

梁乐. 2012. 当代中国城市公共危机治理中的公民参与问题研究. 西安: 陕西师范大学硕士学位论文.

刘公致, 吴琼, 王光义, 等. 2022. 改进型Logistic混沌映射及其在图像加密与隐藏中的应用. 电子与信息学报, 44(10): 3602-3609.

马心念. 2017. 矢量地理数据脱密模型的抗攻击性评价方法研究. 南京: 南京师范大学硕士学位论文.

毛健. 2015. 地理空间数据访问控制模型研究. 南京: 南京师范大学博士学位论文.

毛健, 朱长青, 张兴国, 等. 2017. 一种矢量地理空间数据文件细粒度访问控制模型. 地理与地理信息科学, 33(1): 13-18.

聂元铭, 马琳, 高强. 2010. 加速建设高素质信息安全人才队伍的思考. 信息网络安全, 9: 16-17.

乔苹. 2013. 我国城市公共危机治理中的公民参与机制研究. 北京: 首都经济贸易大学硕士学位论文.

曲东方. 2013. 基于数字水印技术的矢量地理空间数据访问控制方法研究. 南京: 南京师范大学硕士学位论文.

任花, 牛少彰. 2022. 基于奇异值分解的同态可交换脆弱零水印研究. 计算机科学, 49(3): 70-76.

任娜. 2011. 遥感影像数字水印算法研究. 南京: 南京师范大学博士学位论文.

任娜, 朱长青, 王志伟. 2011. 抗几何攻击的高分辨率遥感影像半盲水印算法. 武汉大学学报(信息科学版), 36(3): 329-332.

任伟. 2011. 密码学与现代密码学研究. 信息网络安全, (8): 1-3, 7.

宋刚, 杜宏伟, 王平, 等. 2019. 纹理细节保持的图像插值算法. 计算机科学, 46(S1): 169-176.

苏铓, 李凤华, 史国振. 2014. 基于行为的多级访问控制模型. 计算机研究与发展, 51(7): 1604-1613.

苏晓娟, 钟建强, 毛钧庆. 2014. 美国加强关键基础设施保障的主要举措探析. 信息安全与通信保密, (5): 63-69.

孙圣和, 陆哲明, 牛夏牧, 等. 2004. 数字水印技术及应用. 北京: 科学出版社.

童瀛, 姚焕章, 梁剑. 2021. 计算机网络信息安全威胁及数据加密技术探究. 网络安全技术与应用, 4: 20-21.

王京传. 2013. 旅游目的地治理中的公众参与机制研究. 天津: 南开大学博士学位论文.

王永, 龚建, 王明月, 等. 2022. 一种整数混沌映射的伪随机数生成器. 北京邮电大学学报, 45(1): 58-62.

王震. 2019. 基于自适应阈值的边缘图像插值算法研究. 贵阳: 贵州师范大学硕士学位论文.

吴柏燕, 戴千一, 彭煜玮, 等. 2022. 矢量地图同态加密域鲁棒水印算法. 地球信息科学学报, 24(6): 1120-1129.

夏一天. 2020. 面向移动智能终端的矢量地理数据访问控制模型研究. 南京: 南京师范大学硕士学位论文.

肖成龙, 孙颖, 林邦美, 等. 2020. 基于神经网络与复合离散混沌系统的双重加密方法. 电子与信息学报, 42(3): 687-694.

闫娜. 2013. DOM 几何精度脱密模型与算法研究. 南京: 南京师范大学硕士学位论文.

杨昊宁. 2021. 面向内部网络环境的矢量地理数据访问控制方法. 南京: 南京师范大学硕士学位论文.

杨梅, 张耀文. 2009. RC4 流密码原理与硬件实现. 信息通信, (6): 40-43.

杨义先, 钮心忻. 2006. 数字水印理论与技术. 北京: 高等教育出版社.

于辉. 2016. 基于径向基和三角函数的矢栅一体化脱密模型研究. 南京: 南京师范大学硕士学位论文.

赵明. 2020. 遥感影像数据交换密码水印算法研究. 南京: 南京师范大学硕士学位论文.

钟宝江, 陆志芳, 季家欢. 2016. 图像插值技术综述. 数据采集与处理, 31(6): 1083-1096.

朱长青. 2011. 一种基于伪随机序列和 DCT 的遥感影像水印算法. 武汉大学学报(信息科学版), 36(12): 1427-1429.

朱长青. 2014. 地理空间数据数字水印理论与方法. 北京: 科学出版社.

朱长青. 2017. 地理数据数字水印和加密控制技术研究进展. 测绘学报, 46(10): 1609-1619.

朱长青, 任娜, 徐鼎捷. 2022. 地理信息安全技术研究进展与展望. 测绘学报, 51(6): 1017-1028.

朱长青, 任娜, 周子宸, 等. 2020. 地理大数据安全技术研究现状与展望. 现代测绘, 43(6): 9-13.

朱长青, 杨成松, 任娜. 2010. 论数字水印技术在地理空间数据安全中的应用. 测绘通报, 10: 1-3.

朱长青, 周卫, 吴卫东, 等. 2015. 中国地理信息安全的政策和法律研究. 北京: 科学出版社.

Asmara R A, Agustina R. 2017. Comparison of discrete cosine transforms (DCT), discrete Fourier transforms (DFT), and discrete wavelet transforms (DWT) in digital image watermarking. International Journal of Advanced Computer Science & Applications, 8(2): 245-249.

Atluri V, Chun S A. 2004. An authorization model for geospatial data. IEEE Transactions on Dependable and Secure Computing, 1(4): 238-254.

Benrhouma O, Mannai O, Hermassi H. 2015. Digital images watermarking and partial encryption based on DWT transformation and chaotic maps. 2015 IEEE 12th International Multi-Conference on Systems, Signals & Devices (SSD15). Mahdia, Tunisia.

Cao Y, Lien S Y, Liang Y C. 2020. Deep reinforcement learning for multi-user access control in non-terrestrial networks. IEEE Transactions on Communications, 69(3): 1605-1619.

Castiglione A, Santis D A, Masucci B, et al. 2016. Cryptographic hierarchical access control for dynamic structures. IEEE Transactions on Information Forensics and Security, 11(10): 2349-2364.

Chaudhari P, Das M L. 2019. Privacy preserving searchable encryption with fine-grained access control. IEEE Transactions on Cloud Computing, 9(2): 753-762.

Cox I J, Miller M L, Bloom J A.1999.Digital Watermarking. Burlington: Morgan Kaufmann Publishers.

Guan B, Xu D, Li Q. 2020. An efficient commutative encryption and data hiding scheme for HEVC video. IEEE Access, 8: 60232-60245.

Heath R. 1998. Dealing with the complete crisis—the crisis management shell structure. Safety Science, 30: 139-150.

Hsu P, Chen C. 2016. A robust digital watermarking algorithm for copyright protection of aerial photogrammetric images. The Photogrammetric Record, 31(153): 51-70.

Jang B J, Lee S H, Lee E J, et al. 2017. A crypto-marking method for secure vector map. Multimedia Tools and Applications, 76(14): 16011-16044.

Jha S, Sural S, Atluri V, et al. 2018. Specification and verification of separation of duty constraints in attribute-based access control. IEEE Transactions on Information Forensics and Security, 13(4): 897-911.

Jiang L. 2018. The identical operands commutative encryption and watermarking based on homomorphism. Multimedia Tools and Applications, 77(23): 30575-30594.

Jiang L, Xu Z, Xu Y. 2014. Commutative encryption and watermarking based on orthogonal decomposition. Multimedia Tools and Applications, 70(3): 1617-1635.

Jiao S, Zhou C, Shi Y, et al. 2019. Review on optical image hiding and watermarking techniques. Optics & Laser Technology, 109: 370-380.

Jung S M. 2022. Multi-encryption watermarking technique using color image pixels. International Journal of Internet, Broadcasting and Communication, 14(1): 116-121.

Leat D, Setzler K. 2002. Towards Holistic Governance: The New Reform Agenda. New York: Palgrave Macmillan.

Lee M H, Park I K. 2017. Performance evaluation of local descriptors for maximally stable extremal regions. Journal of Visual Communication & Image Representation, (47): 62-72.

Li A B, Zhu A X. 2019. Copyright authentication of digital vector maps based on spatial autocorrelation indices. Earth Science Informatics, 12(2): 629-639.

Li M, Xiao D, Zhu Y, et al. 2019. Commutative fragile zero-watermarking and encryption for image integrity protection. Multimedia Tools and Applications, 78(16): 22727-22742.

Li Y, Zhang L, Wang H, et al. 2022. Commutative encryption and watermarking algorithm for high-resolution remote sensing images based on homomorphic encryption. Laser & Optoelectronics Progress, 59(18): 1815012.

Li Y, Zhang L, Wang X, et al. 2021. A novel invariant based commutative encryption and watermarking algorithm for vector maps. ISPRS International Journal of Geo-Information, 10(11): 718.

Lian S. 2009. Quasi-commutative watermarking and encryption for secure media content distribution. Multimedia Tools and Applications, 43(1): 91-107.

Lin Z X, Peng F, Long M. 2018. A low distortion reversible watermarking for 2D engineering graphics based on region nesting. IEEE Transactions on Information Forensics & Security, 13(9): 2372-2382.

Liu Z, Chi Z, Osmani M, et al. 2021. Blockchain and building information management (BIM) for sustainable building development within the context of smart cities. Sustainability, 13(4): 2090.

Marra F J. 1998. Crisis communication plans: Poor predictors of excellent crisis public relations. Public Relations Review , 24(4): 461-474.

Ning Y, Wang Z G, Li W. 2010. Relative geometric projection method and argument rotation algorithm for compensation part of an image navigation and registration system. International Conference on Space Information Technology 2009. Beijing, China.

Peng F, Jiang W Y, Qi Y, et al. 2020. Separable robust reversible watermarking in encrypted 2D vector graphics. IEEE Transactions on Circuits and Systems for Video Technology, 30(8): 2391-2405.

Peng F, Lin Z X, Zhang X, et al. 2019. Reversible data hiding in encrypted 2d vector graphics based on reversible mapping model for real numbers. IEEE transactions on information forensics and security, 14(9): 2400-2411.

Pham G N, Ngo S T, Bui A N, et al. 2019. Vector map random encryption algorithm based on multi-scale simplification and Gaussian distribution. Applied Sciences, 9(22): 4889.

Qiu J, Tian Z, Du C, et al. 2020. A survey on access control in the age of internet of things. IEEE Internet of Things Journal, 7(6): 4682-4696.

Ren N, Tong D, Cui H, et al. 2022. Congruence and geometric feature-based commutative encryption-watermarking method for vector maps. Computers & Geosciences, 159: 105009.

Ren N, Zhou Q, Zhu C, et al. 2020. A lossless watermarking algorithm based on line pairs for vector data. IEEE Access, (8): 156727-156739.

Wang N, Kankanhalli M. 2018. 2D Vector map fragile watermarking with region location. ACM Transactions on Spatial Algorithms & Systems, 4(4): 1-25.

Wang Y, Yang C, Zhu C. 2018. A multiple watermarking algorithm for vector geographic data based on coordinate mapping and domain subdivision. Multimedia Tools and Applications, 77(15): 19261-19279.

Wu S, Oerlemans A, Bakker E M, et al. 2017. A comprehensive evaluation of local detectors and descriptors. Signal Processing Image Communication, (59): 150-167.

Wu Y, Li G, Xian C, et al. 2020. Extracting POP: Pairwise orthogonal planes from point cloud using RANSAC. Computers & Graphics, 94: 43-51.

Xu G, Li H, Dai Y, et al. 2019. Enabling efficient and geometric range query with access control over encrypted spatial data. IEEE Transactions on Information Forensics and Security, 14(4): 870-885.

Xue K, Chen W, Li W, et al. 2018. Combining data owner-side and cloud-side access control for encrypted cloud storage. IEEE Transactions on Information Forensics and Security, 13(8): 2062-2074.

Yan H, Zhang L, Yang W. 2017. A normalization-based watermarking scheme for 2D vector map data. Earth Science Informatics, 10(4): 471-481.

Zhang A, Gao J, Ji C, et al. 2014. Multi-granularity spatial-temporal access control model for web GIS. Transactions of Nonferrous Metals Society of China, 24(9): 2946-2953.

Zhang Y, Deng R H, Xu S, et al. 2020. Attribute-based encryption for cloud computing access control:

A survey. ACM Computing Surveys, 53(4): 1-41.

Zhou Q, Zhu C, Ren N, et al. 2021. Zero watermarking algorithm for vector geographic data based on the number of neighboring features. Symmetry, 13(2): 208.

Zhu P, Jiang Z, Zhang J, et al. 2021. Remote sensing image watermarking based on motion blur degeneration and restoration model. Optik, 248: 168018.